矿山固定机械理论及运输设备研究

王潞红　盛　典　李旭昱　著

北京工业大学出版社

图书在版编目（CIP）数据

矿山固定机械理论及运输设备研究 / 王潞红，盛典，李旭昱著． — 北京 ：北京工业大学出版社，2020.4（2023.2 重印）
ISBN 978-7-5639-7408-5

Ⅰ．①矿… Ⅱ．①王… ②盛… ③李… Ⅲ．①矿山机械－固定式－研究②矿山运输－运输机械－研究 Ⅳ．① TD4 ② TD5

中国版本图书馆 CIP 数据核字（2020）第 077095 号

矿山固定机械理论及运输设备研究
KUANGSHAN GUDING JIXIE LILUN JI YUNSHU SHEBEI YANJIU

著　者：	王潞红　盛　典　李旭昱
责任编辑：	张　娇
封面设计：	点墨轩阁
出版发行：	北京工业大学出版社
	（北京市朝阳区平乐园 100 号　邮编：100124）
	010-67391722（传真）　bgdcbs@sina.com
经销单位：	全国各地新华书店
承印单位：	三河市元兴印务有限公司
开　　本：	710 毫米 ×1000 毫米　1/16
印　　张：	14
字　　数：	280 千字
版　　次：	2020 年 4 月第 1 版
印　　次：	2023 年 2 月第 2 次印刷
标准书号：	ISBN 978-7-5639-7408-5
定　　价：	56.00 元

前　　言

随着科学技术的不断进步，矿山机械设备也得到了飞速发展，尤其在煤炭工业领域，高效高产的综合机械化工作面不断涌现，煤矿中的运输与提升设备、流体设备、采掘设备等均得到不断更新，矿山工业的技术人员和广大职工在设计制造矿山机械设备和引进吸收国外先进技术等方面积累了丰富的经验，取得了丰硕的成果。

本书是在吸取先进成果的基础上撰写而成的，由长治职业技术学院王潞红、盛典和李旭昱共同完成，主要分成两篇：第一篇为矿山运输与提升机械，主要包括刮板运输机、带式输送机、矿用电机车及矿井提升设备；第二篇为矿山流体机械，主要包括矿井排水设备、矿井通风设备和矿山空气压缩设备。本书从矿山固定机械的工作原理、分类及组成入手，梳理了目前国内外相关设备的发展现状，在此基础上，进一步系统阐述了矿山常用机械设备的结构、操作及维护等相关技术，力求为我国矿山机械设备相关技术的发展提供一些有价值的参考。

作者在写作本书的过程中参考引用了许多国内外专家、学者的研究成果，在此表示衷心的感谢！由于作者水平有限，书中难免存在疏漏之处，敬请广大读者批评指正。

目　　录

第二篇　矿山流体机械

第一篇

矿山运输与提升机械

第一章　刮板输送机

第一节　概　述

一、刮板输送机的组成和工作原理

刮板输送机是一种有挠性牵引机构的连续运输机械，是供采煤工作面和采区巷道运煤的机械。它的牵引构件是刮板链，溜槽是它的承载装置，刮板链在溜槽的底部。

刮板运输机的类型很多，各组成部件的形式和布置方式也各不相同，但其主要结构和基本组成部分是相同的，其均由机头部、机身、机尾部和辅助设备四部分组成，如图 1-1 所示。

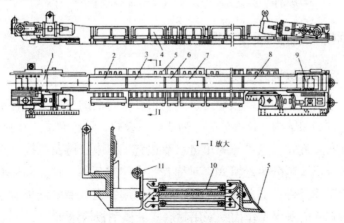

图 1-1　可弯曲刮板输送机外形图

1—机头部；2—机头连接槽；3—中部槽；4—挡煤板；5—铲煤板；6—0.5 m 调节槽；

7—1 m 调节槽；8—机尾连接槽；9—机尾部；10—刮板链；11—导向管

机头部是运输机的传动装置，包括机头架、电动机、液力联轴器、减速器、机头主轴和链轮组件等。其作用是使电动机通过联轴器、减速器、机头主轴和导链轮带动刮板在溜槽内运行，将煤输送出来。

机身是输送机的送煤部分，由溜槽和刮板链组成。溜槽是输送机机身的主体，是荷载和刮板链的支承与导向部件，其一般由钢板焊接压制成型，分为中部标准溜槽、调节溜槽和连接溜槽。刮板链由链环和刮板组成。

机尾部由机尾架、机尾轴、紧链装置、导链轮或机尾滚筒组成。其中，导链轮用来改变刮板链方向；紧链装置用来调节刮板链松紧。

辅助装置包括紧链器、溜槽液压千斤顶和防滑装置等。

如图 1-2 所示为 SGB630/220 型刮板输送机的传动系统。在该系统中电动机 1 通过液力耦合器 2 驱动三级直角布置的减速器 3，减速器的三轴与机头轴 4 连接，当机头轴转动时就带动刮板链 5 移动。

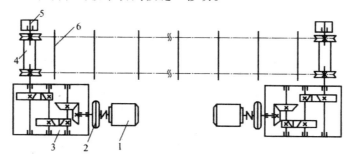

图 1-2　SGB630/220 型刮板输送机传动系统示意图

1—电动机；2—液力耦合器；3—减速器；4—机头轴；5—刮板链

二、刮板输送机的类型与特点

（一）刮板输送机的主要类型

国内外生产和使用的刮板输送机类型很多，它们的分类方法各不相同。按溜槽的布置方式和结构，其可分为并列式和重叠式、敞底溜槽式和封底溜槽式。按链条数及布置方式，其可分为单链、双边链、双中心链及三链。按链条和刮板的连接布置形式则分为悬臂式、对称式、中间式三种。各类刮板输送机分别用于不同的工作条件，如薄煤层采煤工作面采用并列式溜槽刮板输送机，而底板比较松软破碎的采煤工作面则采用封底式溜槽刮板输送机。

刮板输送机按功率大小分为轻、中、重型。刮板输送机配套单电动机设计额定功率为 40 kW 及以下的为轻型；大于 40 kW，小于等于 90 kW 为中型；大于 90 kW 为重型。普采工作面常用刮板输送机技术特征见表 1-1。

表 1-1 普采工作面常用刮板输送机技术特征

型号参数		型号				
		SGB630/150C	SGB730/160	SGZ630/220	SGZ730/320	SGW-40T
设计长度 /m		200	150	160	220	100
输送能力 / (t/h)		250	450	450	500	150
链速 / (m/s)		0.868	1.1	1.01	1.1	0.86
电动机	型号	DSB-75	—	KBYD550-55/110	YBSD-160/80	DSB-40
	功率/kW	2×75	2×90	2×110	2×160	40
液力耦合器	型号	YL-450A	—	—	—	YL-400A4
	介质	22 号汽轮机油	—	—	—	250 号汽轮机油
减速器速比		1：24.44	1：28.218	1：29.36	1：28.15	—
中部槽规格（长×宽×高）/mm		1500×630×190	1500×680×290	1500×630×222	1500×690×263	1500×620×180
圆环链规格（d×t）/mm		18×64	26×92	22×86	26×92	18×64
刮板链型式		边双链	边双链	中双链	中双链	边双链
刮板间距 /mm		1024		1032	920	1024
与采煤机配套牵引方式		链牵引	无链	无链	无链	链牵引
总重量 /t		87.6	—		131.5	17.6

（二）刮板输送机的特点和应用

刮板输送机的优点：坚固结实，经久耐用；能水平和垂直弯曲，以适应采煤工作面底板不平和弯曲移设的情况；机身矮，便于装煤，可以适应各种煤层的需要；可以作为采煤机运行的轨道；可以作为液压支架推拉移动的支点。

刮板输送机的缺点：摩擦阻力大，消耗钢材多，功率消耗大。

刮板输送机虽有这些缺点，但它有上述五种其他输送机所不及的优点，因此它仍是当前采煤工作面必不可少的输送设备。

刮板输送机可用于煤层倾角不超过 25° 的薄、中厚和厚煤层采煤工作面，煤层倾角大时，刮板输送机要采取防滑措施。此外，顺槽和采区上、下山运输巷道也可使用该设备。由于刮板输送机功率消耗较大，因此刮板输送机不适合长期固定使用、长距离使用和地面使用。

第二节 刮板输送机的发展

刮板输送机作为主要的煤炭运输设备，在煤炭生产中起着非常重要的作用。它是一种以挠性体为牵引机构的连续输送机械，可用于水平运输，也可用于倾斜运输，是目前长壁式采煤工作面唯一的运输设备。目前，我国刮板输送机的总体设计、制造水平已同国外同类机型接近，但与国外相比仍有不小的差距。因此，加快研制高可靠性的超重型大功率刮板输送机刻不容缓。

一、国外刮板输送机发展情况

目前世界上生产刮板输送机的国家主要有德国、美国、英国、澳大利亚、日本等，机型包括轻型、中型、重型、超重型，装机功率已达到 3×750 kW。其保护装置有弹性联轴器、限矩型液力耦合器、双速电机、调速型液力耦合器、软启动等。20 世纪 80 年代后期以来，刮板输送机技术发展可概括为三大（大运量、长运距、大功率）、二重（重型溜槽、重型链条）、一新（自动监测新技术）。

大运量：目前已出现运量 4000 t/h 以上的重型刮板输送机，相应的溜槽宽度从 730～764 mm 增大到 980～1100 mm，链速从 1 m/s 左右提高到 1.3～1.4 m/s，最高链速已达到 1.78 m/s。

长运距：目前英、美、德等先进采煤国均已有超过 300 m 长的刮板输送机，最长的刮板输送机运距已达 380m，但国外专家研究认为，从设备投资、掘进通风、运营成本、维修搬家等因素综合考虑，工作面及刮板输送机的长度在 250 m 左右时，设备的技术经济指标最为合理。

大功率：目前实际运行的刮板输送机单台电动机最大功率已超过 700 kW，减速器传动比 $i=1$：40，供电电压也从 1000 V 左右升高到 2300 V、3300 V、4160 V 或 5000 V。

长寿命与高可靠性：目前重型刮板输送机整机过煤量为 400 万～600 万 t，准 300 mm 以上链条为 200 万～300 万 t，链轮为 100 万～150 万 t，其减速器设计寿命为 12500～15000 h，接链环的疲劳寿命为 70000 次以上。

二、我国刮板输送机的发展情况

我国的刮板输送机自 20 世纪 70 年代中期开发以来已取得了长足的进步，我国设计人员已设计制造出适合我国国情的新一代能力大、性能好、寿命长的重型刮板输送机。

我国新一代煤矿井下超重型 3×1000、3×855 刮板输送机成套设备已研制成功并落户神华集团和金烽煤炭公司。该系列设备具有装机功率大、输送能力强、运距长、寿命长等特点，其中的多项技术达到了国内领先和国际先进水平。其最大总装机功率达 3925 kW，可满足高 4～6.5 m、生产能力 3500～5000 t/h、输送长度 300～450 m、年产 1000 万 t 以上的安全高效采煤工作面的需要，是目前国内装机功率最大的重型刮板输送机成套系列设备。该系列设备所采用的软启动调速、传动系统实时监测和输送系统的自动张紧等技术，极大地提高了设备的智能化和自动化水平，增强了其可靠性，实现了该类设备整体技术水平和综合性能的升级换代，在替代同类设备进口的同时，还填补了国内空白，这标志着我国煤矿重大技术设备国产化水平又上了一个新台阶，对国内煤矿大集团大基地高产高效矿井建设具有重要的意义。

第三节 刮板输送机的结构特点及功能分析

一、减速器

我国现行生产的刮板输送机的传动装置多为平行布置式（电动机轴与传动齿轮轴垂直），故都采用三级圆锥 - 圆柱齿轮减速器，减速器的箱体为剖分式对称结构，如图 1-3 所示。

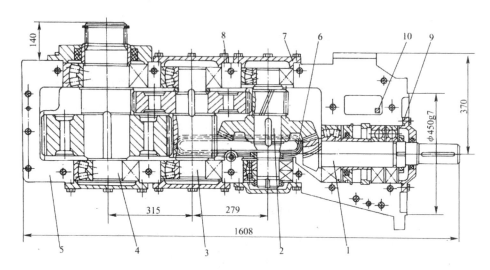

图 1-3 6JS-110 型减速器示意图

1、2、3、4—第一、二、三、四轴；5—箱体；6—冷却装置；7、8、9—调整垫；10—油标尺

二、液力耦合器

（一）液力耦合器的结构

液力耦合器是安装在电动机和减速器之间，应用液力传递能量的一种传动装置，起传递动力、均衡负荷、过载保护和减缓冲击等作用，它主要由泵轮、涡轮和外壳组成。

按工作介质的不同，液力耦合器分水介质液力耦合器和油介质液力耦合器。水介质液力耦合器与油介质液力耦合器的主要区别是其油封在轴承内侧，防止水浸入轴承，另外增设有易爆塞。

YOXD-450A 型水介质液力耦合器的结构如图 1-4 所示，它主要由泵轮 2、外壳 8 和涡轮 7 等零件组成，液力耦合器的泵轮和涡轮都具有不同数量的径向叶片（一般前者多于后者 1～2 片）。电动机、弹性联轴器 12、后辅室外壳 1、泵轮 2 连接在一起，泵轮 2 与涡轮外壳 8 用螺钉连接。当电动机带动泵轮转动时，整个外壳一起转动，起主动轴作用；涡轮 7 与减速器相连，起从动轴作用。

外壳 8 上装有易爆塞 9、易熔塞 15，它们是液力耦合器的压力与温度保护组件。油封 5、6 可以防止介质水浸入轴承 10。

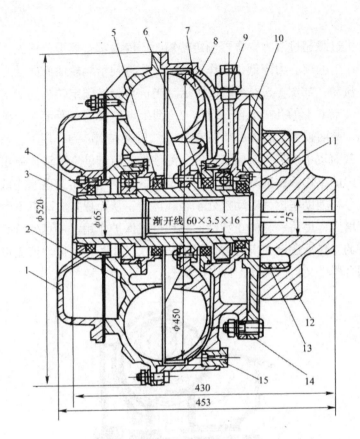

图1-4 YOXD-450A 型水介质液力耦合器示意图

1—后辅助室外壳；2—泵轮；3—花键套；4、5、6、11—油封；7—涡轮；8—外壳；

9—易爆塞；10—轴承；12—联轴器；13—弹性圈；14—联结器；15—易熔塞

（二）液力耦合器的工作原理

电动机启动后，泵轮旋转，泵轮叶片使工作室中的工作液获得动能，并沿圆周方向甩起。刚启动时，工作液还不足以带动涡轮7旋转，相当于电动机空负荷启动，随着电动机转速增加，工作液被甩出的速度和力量增大，并且逐渐冲向涡轮的叶片，当电动机达到某一转速时，在旋转离心力的作用下，工作液沿泵轮工作腔的曲面流向涡轮，同时冲击涡轮叶片，使涡轮旋转，从而使从动轴旋转带动减速器工作。从涡轮流出的工作液，因其离心力较小，又从近轴处流回泵轮，形成循环液流，如图1-5实线箭头所示。

由于工作液与叶片等摩擦会引起能量损耗，所以泵轮与涡轮之间始终存在一定的转速差（又称滑差），使两腔工作液存在离心力和流速差，而使其有循环液流传递能量。

输送机过载超过液力耦合器额定转矩时，液力耦合器滑差增大，涡轮转速降低，即产生的离心力降低，工作腔内的工作液便沿涡轮曲面向轴心方向做较大的向心流动，如图 1-5 虚线箭头所示。当负荷超过额定转矩的 2 倍时，工作液便经阻流盘 6 上的孔进入前辅助室 7（图中点划线箭头所示），再经前辅助室上的孔（截面较大）进入后辅助室 10，然后又在离心力作用下，从后辅助室上的孔（截面较小）进入泵轮工作腔。由于进入后辅助室的液比流出的液多，使工作腔内的工作液逐渐减少，传递力矩降低，涡轮的转速迅速降低，大量工作液则储存在辅助室内，电动机处于轻载运转，从而保护电动机不致过载。当负荷继续增大，最后涡轮停止转动，起到过载保护作用。一旦外负荷减小，后辅助室内的工作液逐渐在离心力作用下又进入工作腔，使循环液流量增大，此时液力耦合器便又自动恢复正常工作状态。

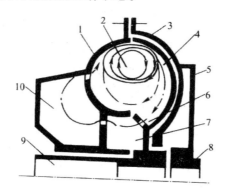

图 1-5　液力耦合器循环液流示意图

1—泵；2—工作腔；3—外壳；4—涡轮；5—弹性联轴器；6—阻流盘；7—前辅助室；8—主动轴；

9—从动轴；10—后辅助室

（三）液力耦合器的作用

①改善了电动机的启动性能，减少了冲击。输送机在启动时，仅泵轮为电机的负载，可使电动机轻载或空载启动，然后负载再逐渐增加，这样电动机的启动时间缩短了，启动电流也降低了，当拖动转动惯量很大的负载时不必选比额定容量大得多的电动机。

②对电动机和工作机械具有过载保护作用。当外负荷增加时，输出轴转速下降，泵轮和涡轮的转速差增大。当外负荷继续增大时，工作液被挤向泵轮轮壁，经溢流孔进入辅助室。此时，工作腔内液体减少，再加上泵轮和涡轮的转速差继续增大，则工作液的温度迅速升高。当工作液的温度升至额定值时，易熔合

金塞熔化，液体喷出，电动机带着泵轮及外壳空转，从而保护了电动机。

③可保证输出功率平衡。在多电动机同时驱动的设备中采用液力耦合器可使各电动机的输出功率趋于平衡。

④减少了冲击，使工作机械和传动装置平稳运行。由于泵轮和涡轮之间为"液体连接"，故作用在输入、输出轴上的冲击载荷可以大大降低，延长了电动机和工作机构的使用寿命，这对在恶劣工作条件下工作的煤矿机械尤为重要。

（四）易熔塞和易爆塞的要求

1. 易熔塞的结构及要求

易熔塞的结构如图 1-6 所示，它由保护塞 1、密封垫圈 2、易熔塞座 3 和易熔合金 4 组成，其要求如下。

①水介质液力耦合器过热保护的易熔塞与过压保护的易爆塞要成对使用，对称布置在液力耦合器内腔最大直径上。

②易熔塞的易熔合金熔化温度为（115±5）℃。

③易熔塞的易熔合金应向制造厂家购买，灌注长度为 14 mm。

④易熔塞的质量应在设计质量 ±0.0005 kg 的范围内。

⑤易熔塞外表面应打有熔化温度及生产厂家的标记。

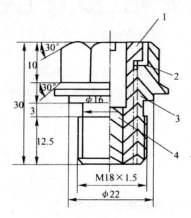

图 1-6 易熔塞结构图

1—保护塞；2—密封垫圈；3—易熔塞座；4—易熔合金

2. 易爆塞的结构及要求

易爆塞的结构如图 1-7 所示，它由易爆塞座 1、压紧螺塞 2、爆破孔板 3、密封垫 4 和爆破片 5 组成，其要求如下。

①1个易爆塞只准许装1个爆破片。

②易爆塞的压紧螺塞的夹紧扭矩 $M=(5 \pm 1.0)$ N·m。

③易爆塞静态试验爆破压力 $Ps=(1.4 \pm 0.2)$ MPa。

④易爆塞的质量要求为（166 ± 0.5）g。

⑤爆破片的内表面和外表面应无裂纹、锈蚀、微孔、气泡和夹渣，不应存在可能影响爆破性能的划伤，刻槽应无毛刺，外径为 $\phi 25_{-0.021}^{0}$ mm。

⑥爆破孔板的孔径 $d=13_{0}^{+0.11}$ mm，孔两端不允许出现圆角或倒角，外径为 $\phi 25_{+0.100}^{+0.184}$ mm。

⑦爆破片必须用软塑料袋单个包装，然后再用硬塑料盒包装（绝不许一个软塑料袋中包装两个或两个以上的爆破片）。

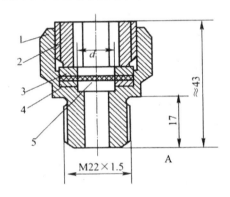

图 1-7　易爆塞结构图

1—易爆塞座；2—压紧螺塞；3—爆破孔板；4—密封垫；5—爆破片

三、链轮组件

链轮组件由链轮和滚筒组成。刮板链由链轮驱动运行，运转中链轮组件除受静载荷外，还受脉动、冲击等载荷，所以是易损件，故链轮均为优质钢材制造。

链轮组件的结构有剖分式和整体式两种。

剖分式链轮组件由链轮和两个半圆剖分式滚筒组成，两个半圆滚筒，用螺栓固联在一起。链轮共两个，分别位于滚筒两端，为双边链结构。滚筒孔分别与两端的减速器低速轴和盲轴连接。剖分式结构的优点是，当轮齿磨损后可以只更换链轮而不更换滚筒。

整体式链轮组件与剖分式的不同是，滚筒与链轮是焊接在一起的。整体式链轮组件拆装维修方便。

四、溜槽

溜槽是货载和刮板链的支承机构，在机采和综采工作面，溜槽还作为采煤机的运行导轨。

溜槽分中部槽、调节溜槽、过渡溜槽和连接溜槽。中部槽每节长度为 1.5 m。为适应工作面运转条件而需要调节输送机铺设长度时，使用调节溜槽。机身两端与机头、机尾连接时，使用过渡溜槽和连接溜槽。

中部槽的连接装置是用来将单个中部槽连接成刮板输送机机身，它既要保证对中性，使两槽之间上下、左右的错口量不超过规定，又要允许相邻两槽在平、竖两个平面内能折曲一定的角度，使机身有良好的弯曲性能；还要求同一型号中部槽的安装、连接尺寸相同，能通用互换。目前应用的中部槽有插销式、哑铃式、插入圆柱销式等。

中部槽哑铃销是一个中间直径 34 mm，两端直径 60 mm，形似哑铃的柱状销子。其两个不同直径部分都加工成扁形，如图 1-8（a）所示。哑铃销用 40MnVB 合金结构钢制造，可承受载荷超过 1000 kN。

连接中部槽时，将哑铃销扁着放入中部槽特制的接头，然后旋转 90°，再将限位销插入哑铃销的孔中，并用弹簧圈固定，以防哑铃销转动掉出，如图 1-8（b）所示。

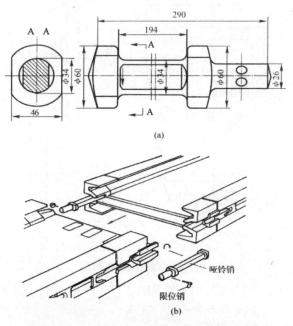

图 1-8　中部槽哑铃销及其连接示意图

13

五、紧链装置

刮板输送机在初期运行时，由于相邻溜槽接头趋于靠紧，间隙减小；刮板链使用中的塑性变形和磨损；运行中受牵引链拉伸产生弹性伸长等原因，刮板链就会产生伸长现象。伸长的刮板链就会在张力最小处松弛堆积，从而产生脱链、跳链或卡断链等事故。为了保证刮板输送机安全运转，防止这些事故发生，就必须随时对伸长松弛的刮板链进行紧链。

紧链装置的作用是拉紧刮板链。目前，可弯曲刮板输送机的拉紧装置有棘轮紧链器、闸带紧链器、液压紧链器和盘闸紧链器。目前重型刮板输送机多使用盘闸紧链器。盘闸紧链器是利用输送机的动力张紧或松开输送机刮板链的紧链装置。

闸盘紧链器以电动机与减速器连接筒为机座，用螺钉安装在连接筒上。它由装在减速器输入轴上的闸盘1、钳臂3、连接座5、夹板7、丝母8、轴套9、丝杠10和手轮11等零件组成，如图1-9所示。顺时针转动手轮时，紧链器的钳臂3以销轴4为支点向闸盘移动，使钳臂上的摩擦块2对盘闸产生制动力。反方向转手轮时，钳臂反向移动，制动力减小，直至摩擦块离开闸盘。

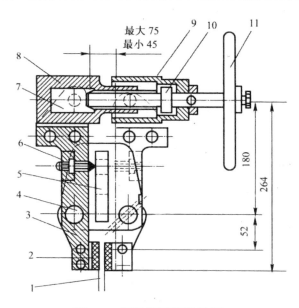

图1-9　闸盘紧链器结构图

1—闸盘；2—摩擦块；3—钳臂；4—销轴；5—连接座；6—螺钉；7—夹板；

8—丝母；9—轴套；10—丝杠；11—手轮

六、推移装置

在综采工作面中，推移刮板输送机和移动液压支架的动作是通过推溜器来完成的。推溜器又称推溜千斤顶，它由活塞杆8、缸筒7、活塞9和鼓形圈（活塞密封）10等零部件组成，如图1-10所示。这种推溜器属于内注液千斤顶，操纵阀3装置在活塞杆端部，活塞杆与中部槽连接，缸筒后部通过支座（图中未示）支撑在顶板上。其工作原理如下。

①推溜：工作液通过操纵阀从活塞杆底部a孔进到千斤顶底部的活塞腔，推动活塞及活塞杆前进，进行推溜。与此同时，活塞杆腔的工作液经过活塞杆侧面孔b回液。

②收回：工作液通过操纵阀另一位置从b孔进到千斤顶活塞杆腔，推动缸筒收回。与此同时，活塞腔的工作液经过活塞杆孔a回液。

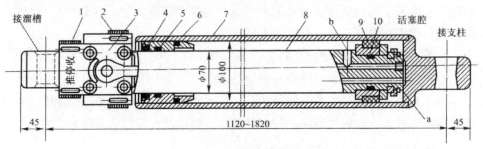

图1-10 液压推溜器结构图

1—进液孔；2—回液孔；3—操纵阀；4—防尘圈；5—U形圈；6—O形圈；

7—缸筒；8—活塞杆；9—活塞；10—鼓形圈

第四节 刮板输送机的操作与维护

刮板输送机能否正常运转，这对普采和综采工作面的生产影响极大，因此对刮板输送机必须进行有计划的和定期的维修工作。在铺设安装时，工作人员应结合各矿井条件和工作面特点制定出切实可行的安装程序，按规定要求把好质量关。总之，有关工作人员要掌握安装运转的技能，加强刮板输送机的日常维护保养，坚持"以预防为主"的原则，排除故障隐患。

一、刮板输送机的安装与调试

（一）刮板输送机地面安装与调试

1. 安装前的准备工作

①参加安装试运转的工作人员应认真阅读该机的说明书、配套设备的说明书及其他有关技术资料和安全法规，熟悉该机的结构、工作原理、安装程序和注意事项。

②核对刮板输送机的形式与能力是否与工作条件相适应。

③按该机的出厂发货明细表和技术资料对整机所有零部件、附属件、备件及专用工具等逐项进行检查。

④按照整机所带技术资料对所有零部件进行外观质量、几何形状检查，如有碰伤、变形、锈蚀则应进行修复和除锈。特别是防爆设备，其必须经专职防爆检查员检查，发放下井许可证后方可下井。

⑤准备好安装工具及润滑油脂。

⑥指定工作指挥人员，选择好安装场地。

为了检查刮板输送机的机械性能，使安装维修和操作人员熟练掌握安装、修理和操作技术，最好在地面进行安装调试，确认没有问题后方可下井安装。

2. 刮板输送机在地面试装时的要求

①机头必须摆好放正，稳定垫实不晃动。

②中部溜槽的铺设要平、稳、直，铺设方向必须正确，即每节的搭板必须向着机头。

③挡煤板和槽帮之间要靠紧、贴严、无缝隙。

④有铲煤板的刮板输送机的铲煤板与槽帮之间要靠紧、贴严、无缝隙。

⑤圆环链焊口不得朝向中板，不得拧紧；双链刮板间各段链环数量必须相等。刮板的方向不得装错，水平方向连接刮板的螺栓，头部必须朝运行方向；垂直方向连接刮板的螺栓，头部必须朝中板。

⑥沿刮板输送机安装的信号装置要符合规定要求。

⑦刮板输送机安装好后要进行认真检查和试运转，运转正常后才能做下井安装前的准备工作。

3. 安装程序

①凡参与安装人员应始终遵守安全操作规程，严防设备和人身事故发生，并拟定安装工艺文件。

②将安装用的所有零部件运到安装地点，并将它们按预定安装位置排放整齐。

③先将机头安装固定在一起，并按要求将电源与电动机连接。

④将刮板链条从机头架下链道穿过，链条不能互相缠绕或拧劲。圆环链焊口靠下侧。

⑤按类似的方法将机尾部分安装完，其间链条用快速接头接好，以达到足够的长度。

⑥将链条分别绕过机头、机尾链轮在上链道将其连接，并使其保持较松的状态。

⑦按设备总图将其余零部件安装齐全。

⑧清除链道处的杂物，检查各部分连接、紧固是否可靠。

4. 安装方法及注意事项

（1）输送机溜槽与刮板链的安装

①将接好的刮板链绕过机头传动部的链轮，从机头传动部和过渡槽下方穿过 6～7 m。

②在底板上接长刮板链直至机尾，将接好的刮板链的刮板歪斜，使其能进入中部槽下槽帮为止。

③将连接槽、调节槽摆放在歪斜刮板的刮板链上。连接槽的一端与机头过渡槽尾端连接，另一端与调节槽连接，然后将刮板链拉直，使其进入下槽。将溜槽端头的连接销装好，再将另一节溜槽对入，一直到机尾传动部位。

④将刮板链从机尾传动部下面穿过，绕过链轮放在溜槽的中板上。在上槽组装刮板链，直至机头。

（2）中部槽铺设安装

①为了防止煤粉从溜槽接缝中漏入下槽，每块溜槽一侧都焊或压出一块接口板。铺设安装时应使焊有接口板的一端迎着刮板链运行的方向，避免刮板再刮坏接口。溜槽的连接方法，如图 1-11 所示。

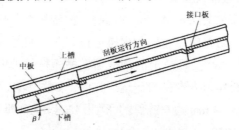

图 1-11　溜槽的连接方法

②铺设封底溜槽时，每隔 4 ～ 5 块应铺设 1 块有活动窗的溜槽，以便于人们检查下链。

③铲煤板与挡煤板之间用螺栓连接时，螺母不可拧紧，应留有一个缝隙 A，以便溜槽可以上下、左右弯曲。缝隙大小如图 1-12（c）所示。当螺栓为 M30 时，间隙 A =11 ～ 13 mm。中部槽螺栓连接结构图，如图 1-12 所示。

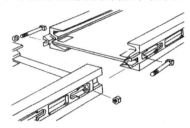

（a）中部槽连接螺栓

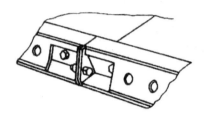

（b）铲煤板连接螺栓

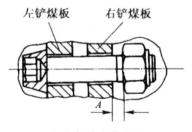

（c）螺栓安装方法

图 1-12　中部槽螺栓连接结构图

（3）边双刮板链铺设安装

①刮板方向。安装在 8×64 mm 圆环链上的刮板在上槽运行的方向应是斜面向前，戗茬前进，防松螺母背向刮板链运行方向，如图 1-13 所示。

安装在 22×86 mm 圆环链上的刮板在上槽运行的方向应使短腿朝向刮板链运行方向，使防松螺母背向刮板链运行方向，如图 1-14 所示。

②刮板间距。8×64 mm 边双链刮板间距为 1024 mm，即 16 个环；22×86 mm 边双链刮板间距为 1032 mm，即 12 个环。

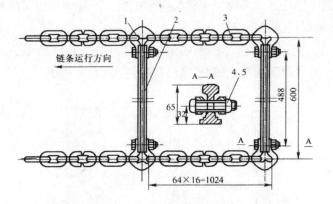

图 1-13 边双链（配 8×64 mm 圆环用）示意图

1—连接环；2—刮板；3—圆环链；4、5—连接螺栓、放松螺母

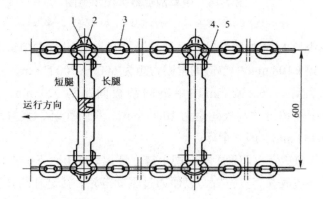

图 1-14 边双链（配 22×86 mm 圆环用）示意图

1—连接环；2—刮板；3—圆环链；4、5—连接螺栓、放松螺母

③连接环。连接环的凸台应背离溜槽中板，如图 1-15 所示。M24 防松螺母必须拧紧，其紧固力矩为 500 N·m。

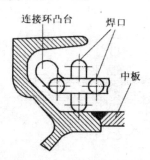

图 1-15 边双链连接环及圆环的位置图

④圆环链。圆环链立环焊口应背离溜槽中板，平环焊口应背离槽帮。

（4）中单刮板链铺设安装

①刮板的方向应使大弧形面朝向运行方向，如图1-16所示，应使U形螺栓背向溜槽中板，即刮板在上槽时，U形螺栓应从下向上穿。

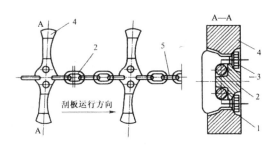

图1-16 中单刮板链铺设示意图

1—U形螺栓；2—圆环链；3—防松螺母；4—刮板；5—连接环

②U形螺栓M24的防松螺母必须拧紧，26×92 mm中单链的紧固力矩为500 N·m；30×108 mm中单链的紧固力矩为600～700 N·m。

③刮板间距。26×92 mm中单链的刮板间距为920 mm，即10个环；130×108 mm中单链的刮板间距为1080 mm，即10个环；直弯刮板输送机的刮板间距为432 mm，即4个环。

④立环焊口应背离溜槽中板，即上链立环焊口朝上，下链立环焊口朝下。

⑤连接环应放在竖直位置，以便通过驱动链轮。接链环的弹簧销或其他固定用零件必须齐全，不得用其他零件代替。

（5）中双刮板链铺设安装

①刮板的方向应使大弧形面朝向运行方向，如图1-17所示。使E形螺栓头指向背离溜槽中板，即刮板在上槽时，E形螺栓应从下向上穿。

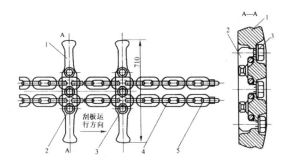

图1-17 中双刮板链铺设示意图

1—刮板；2—E形螺栓；3—螺母；4—圆环链；5—接链环

②E 形螺栓 M24 的六角防松螺母必须拧紧，26×92 mm 中双链的紧固力矩为 500 N·m；30×108 mm 中双链的紧固力矩为 600～700 N·m。

③刮板间距。26×92 mm 中双链为 920 mm，30×108 mm 中双链为 1080 mm。

④立环焊口应背离溜槽中板，即上链立环焊口朝上，下链立环焊口朝下。

⑤接链环应在竖直位置，便于通过链轮，并且固定零件不得缺少。

5. 空载试运转

①点动电动机，观察机头、机尾电动机转向是否正确，方向一致后再点开电动机，观察有无卡刮及异常响声。

②机尾传动的电动机应超前于机头传动的电动机，一般应控制在 0.0035～0.013 s/m，累加为延迟时间，但最小超前时间不小于 0.5 s，最大超前时间不大于 3 s。

③启动刮板输送机，检查电动机、减速器有无异常响声，其温度不应突然升高。

④检查链条与链轮啮合是否正常，有无跳链现象。刮板链在机头过渡或中间段是否有跳动现象，如有跳动则说明链条预张力太大，应重新减小预张力。

⑤刮板链在整个上下链道应无卡阻现象。

6. 空载试运转的检查项目

①检查电缆吊挂、开关、按钮是否良好。

②检查输送机上有无人员作业，有无障碍物。

③点动机头、机尾电动机检查旋向是否一致。

④检查机头、机尾液力耦合器、减速器、连接螺栓、链轮、分链器、护板和压链块是否完好紧固，润滑是否良好。

⑤从机头链轮开始，往后逐级检查刮板链、刮板、连接环及螺帽是否正确紧固。检查 4～5 m 后，在刮板上做一明显记号，然后开动电动机，把带记号的刮板运行到机头链轮处，再从此记号向机尾检查，一直到机尾。在机尾处的刮板再做个记号，然后从机尾往机头检查中部槽、铲煤板、挡煤板的情况。回到机头处，开动电动机把机尾有记号的刮板运行到机头链轮处，再重复对刮板链的检查，直到机尾。至此，刮板链检查经过了一个循环。若在检查中发现问题要及时处理。

⑥紧链。输送机空载运转后，各溜槽消除了间隙，此时刮板链必然要产生松弛现象，因此必须重新进行紧链。

（二）刮板输送机井下安装与调试

1. 下井前的准备工作

①各机件应完好无损，否则应进行修复。

②不需要分解后下井的部件，应将连接件、紧固件紧固可靠。

③需要分解后下井的部件，应按类摆放，并做好标记。易失、易混的小零件应按类包装。外露的加工、配合部件（如轴孔、油孔等）应采取防磕碰、防堵塞、防脏物等措施。

④根据地面的安装情况制定下井和井下安装的工艺流程，并在下井机件的明显位置标明下井后的运送地点。

2. 井下安装与调试

①刮板输送机在井下安装调试时可参照地面安装调试的顺序进行。

②采用边下井边安装的方式，避免机件在上下顺槽中堆积。

③尽量将刮板输送机铺设平直，以保证其使用的可靠性和寿命。

④先空载运行 1 ～ 2 h，保证运行状况应符合要求。

⑤多机联动负荷运行 4 h，机械化采煤工作面开机的顺序是由外向里逐台启动，即带式输送机—转载机—刮板输送机—采煤机；停机顺序是由里向外逐台停止，即采煤机—刮板输送机—转载机—带式输送机。带负载试运转中应进行下列检查。

a. 检查各部件紧固有无松动。

b. 检查刮板链的松紧程度。一般是在额定负荷时链轮分离点处松弛链环不能大于两环，如图 1-18 所示，否则必须再次紧链。两条刮板链松紧程度基本相同。

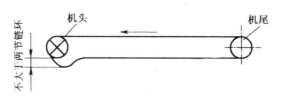

图 1-18　刮板链的松紧程度示意图

c. 检查各传动装置是否过热，减速器和盲轴是否漏油，声音是否正常。电动机、减速器、链轮轴件等各部位的温度不得超过允许值 75 ℃。

d. 检查电气系统是否工作正常。

带负载试运连续时间不得小于 30 min，然后按规定的程序进行逐项验收，查验合格后双方（安装方与使用方）签字，这时刮板输送机就可以交付使用。

（三）综采工作面刮板输送机安装的特殊要求

①综采工作面刮板输送机的机尾一般在采煤机骑上溜槽后进行安装，因为机尾架较高，先装机尾就增加了安装采煤机的工作量。

②装完中部槽后安装挡煤板。如果中部槽距煤帮较近，又有浮煤阻碍铲煤板的安装时，可在采煤机割刀安装后再装铲煤板，但 L 形铲煤板必须在采煤机开始割煤前安装。

③中部槽的安装一般与液压支架的安装配合进行，可以先装中部槽后装支架，也可边装支架边装中部槽，以保证支架的间距。如果必须先装支架后装中部槽时，必须及时调好支架间距，以免支架与中部槽不协调、影响推移千斤顶的连接。

④采用单轨吊与设在中部槽的滑板配合安装液压支架时，必须先安装刮板输送机，然后开动刮板输送机，利用刮板链将装有支架的滑板输送到支架安装地点，这种先安装刮板输送机的方法，既可保证支架的间距，又可随时将工作面的浮煤清理出去。

二、刮板输送机的安全操作

（一）输送机的试运转

①试运转前人们应检查机头、机尾的电动机旋转方向是否相同，所有的液压管路连接方向是否正确，信号装置、工作面电话、照明灯是否正常，通信联络是否畅通。

②空载试运转时应检查输送机和采煤运行轨道上的工具、支柱是否清除干净；所有的电缆、胶管、液压推溜器、锚固立柱的安置位置是否正确；减速器、盲轴和液力耦合器的注油量是否达到规定的数量。各润滑部位要提前加油润滑。

③仔细观察刮板链环在运行中安装是否正确。减速器、盲轴和液力耦合器是否过热，刮板链与链轮之间啮合是否正确，刮板链的松紧程度是否适当。机头链轮下边的刮板链应有轻微的伸长和下垂，但不应过于松弛，否则应重新张紧。试运转后必须检查各处固定螺栓及刮板横梁的螺栓的松紧程度，如有松动必须拧紧。

（二）输送机运转时应注意的问题

①输送机机头与转载机搭接处应有足够的卸载高度，以免刮板链向回带煤，减速器、盲轴、液力耦合器和电动机等传动装置处必须保持清洁，以防止因设

备过热而引起轴承、齿轮、电动机等损坏。

②刮板链必须有适当的预张力，工作面输送机应始终保持平直，应避免无负荷空运转，无正当理由时不应使刮板链反转。

③严禁任何人骑在输送机上，需要跨越输送机时应与司机取得联系，机器停车后方可跨越。需要在输送机上进行工作时，必须停车，并防止顶板和片帮煤的下落砸坏挡板。

④定期检查链轮的磨损情况，如果条件允许，最好链轮和链条同时更换。

⑤综采输送机在发生移溜情况时一定注意，必须保证移溜处与采煤机距离超过 15 m 后再进行维修。

（三）刮板输送机的润滑

为了发挥输送机的最佳性能，确保输送机的安全运行，人们必须按要求定期维护和检修输送机的各零部件，保证设备完好及正常运转。

1. 减速器的注油和换油

减速器运输前应注入所需要的油质，并用油尺检查油量。各处润滑点用油枪注油，当油中的杂质含量达到 2% 时，必须换油。

2. 油位和透气塞的检查

每周检查一次油位，保证注油量正确。如果注油量太少就不能保证每对齿轮和轴承都能得到润滑。减速器的第一、第二油室都要分别注油，因为这两个油室是分开的。但注意不能注油太多，注油太多，油就会向外溢出，造成浪费，也会使油中生成泡沫和油温过高。人们应经常检查透气塞的通孔是否畅通。

3. 电动机轴承的润滑

当采完一个工作面后应当检修电动机轴承，并保证至少每隔 1 ~ 2 天检修一次。当检修时，把电动机拆开，用洗油擦拭轴承。待到洗油挥发后，在轴承和轴承孔处涂上适量的润滑脂。

4. 链轮迷宫槽的润滑

迷宫槽的润滑脂只是用来密封而不是用来润滑，因此没有必要用特殊的润滑脂。链轮上的迷宫槽，通过装在减速器前面的注油嘴来注入润滑脂。注润滑脂时应注到新润滑脂溢出为止。为保证良好的密封性能，每班应注油脂一次。

三、刮板输送机的常见故障分析与排除方法

刮板输送机运转中由于维护不当或其他原因可能发生故障。刮板输送机典

型故障的预防与处理方法见表1-2。

表 1-2 刮板输送机典型故障的预防与处理方法

故障	原因	预防与处理方法
断链	①链条制造质量差；②受力虽小于静态破断载荷，但因长时间承受脉动载荷，链条发生疲劳断裂；③运行中受到冲击载荷、超载等；④链条磨损、锈蚀，接链环损坏；⑤刮板输送机的铺设质量较差	①要对刮板链加强统一管理，建立使用台账；②经常检查，对磨损严重的刮板链要及时更换；③接链环组件应齐全紧固；④避免在重负荷时启动，发现运行阻力增大时应及时停机查明原因
掉道或飘链	①刮板弯曲严重或不足，使链间距减小；②工作面不直，刮板链的一条链受力使刮板歪斜；③中部槽错口或张口太大或接口损坏；④刮板链过度松弛或过度弯曲；⑤机身不平、不直	①刮板弯曲严重及不足时应及时更换、补齐；②中部槽接头损坏时应及时更换；③刮板链要松紧合适；④推溜时应保持输送机蛇形运料，不能出现急弯，保持其平直、运行稳当
跳牙或掉链	①圆环链拧链；②机头不正；③链条或链轮磨损超限；④链轮轮齿卡进金属物；⑤刮板链过松；⑥双链牵引时两条链松紧不一致；⑦刮板严重弯曲或不足、刮板链下有矿石等	①安装刮板链时，保证刮板链不打扭，调整刮板链，使其具有适度的松紧度；②链轮咬进杂物时应及时停机，用撬棍将杂物撬出，并将刮板链正确装入链轮里；③平时要保持机头平直，机头、机尾、中部槽成一直线；④磨损不一的刮板链应及时更换，以防受力不均；⑤磨损严重的链轮、弯曲严重的刮板应及时更换，及时补全短缺的刮板

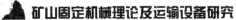
故障	原因	预防与处理方法
电动机过热	①启动过于频繁，启动电流大，熔丝（片）选用过大；②超负荷运转时间太长；③电动机散热状况不好；④轴承缺油或损坏；⑤电动机输出轴连接不同心，或地脚螺栓松动、振动大、机头不稳	①停止输送机运转，临时取下保险销，使电动机空转，靠风叶自行冷却；②减少启动次数，使各部位故障全部消除后，再一次性启动；③减轻负荷，缩短超负荷运转时间；④及时更换被打断的风叶，清除电动机上的浮煤和杂物；⑤给轴承加油或更换新轴承；⑥重新调整装配
电动机响声不正常	①单相运转；②负荷太重	①检查供电是否缺相；②检查各部接线是否正确，有无断开；③检查三相电流是否平衡；④检查三相电流是否大于额定电流；⑤检查是否是电动机轴承损坏造成了电动机转子扫膛；⑥如因片帮、冒顶将输送机压死，应人工清除后再运行
电动机不能启动	①供电电压太低；②负荷太大；③变电站容量不足，启动电压降太大；④开关工作不正常；⑤机头、机尾电动机间的延时太长造成单机拖动；⑥回采工作面不直，凸凹严重；⑦运行部件有严重卡阻；⑧电动机本身故障	①提高供电电压；②减轻负荷；③加大变电站容量；④检修调试开关；⑤缩短延时时间；⑥调整修平工作面，使其尽量平直；⑦检查排除卡阻部件；⑧检查绝缘电阻、三相电流、轴承等是否正常
电动机工作，但链子不动	①刮板链卡住；②负荷过大；③液力耦合器内的油量不足；④液力耦合器内的易熔合金塞损坏	①处理卡住的刮板链；②将上槽煤卸掉一部分；③按规定补充油量；④更换易熔合金塞并注油
两个液力耦合器中的一个温度过高	两个液力耦合器中的油量不等	调整油量，使之均衡

故障	原因	预防与处理方法
液力耦合器漏油	①注油塞或易熔塞松动；②密封圈或垫圈损坏	①拧紧；②更换
减速器声音不正常	①伞齿轮调整不合适；②轴承、齿轮磨损严重或损坏；③轴承游隙过大；④减速器内有金属杂物	①更换并调整好伞齿轮；②更换磨损或损坏零件；③重新调整好轴承；④清除杂物
减速器温度过高	①润滑油污染严重；②油位不符合要求；③冷却不良，散热不好	①更换润滑油；②按规定注油；③清除减速器周围杂物，如果是水冷减速器则应检查供水情况
减速器漏油	①密封圈损坏；②箱体接合面不严，各轴承端盖螺丝钉松动	①更换密封圈；②拧紧螺钉

27

第二章 带式输送机

第一节 概 述

一、带式输送机的工作原理

带式输送机主要由胶带、驱动滚筒、机尾换向滚筒、托辊、拉紧装置和固定机架组成。

如图 2-1 所示，胶带 1 绕经驱动滚筒 2 和机尾换向滚筒 3 形成一个封闭的环形带。上、下两层胶带都靠安装在机架上的托辊 4 支撑，拉紧装置 5 给胶带正常运转所需的张紧力。工作时，主动滚筒在电机驱动下通过驱动滚筒与胶带之间的摩擦力带动胶带及胶带上的货载连续运行，当货载运行到端部后，由于胶带换向而卸载。除此之外，通过专门的卸载装置也可使货物在机身中部的任意位置卸载。

带式输送机上层胶带为重段胶带，由槽形托辊支撑，以增大货载断面，提高输送能力；下层胶带为回空段胶带，不装货载，用平行托辊支撑。

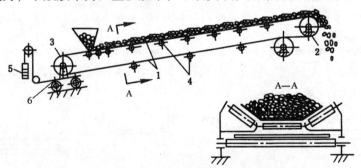

图 2-1 带式输送机工作原理图

1—胶带；2—驱动滚筒；3—机尾换向滚筒；4—托辊；5—拉紧装置；6—固定机架

二、带式输送机的类型与特点

（一）带式输送机的类型

1. 通用固定式带式输送机

其常用的系列产品为 TD-75 型（T：通用；D：带式；75：定型年度），其特点是机架固定在底板或基础上。该带式输送机一般使用在运输距离不太长，并且永久使用的地点，如选煤厂、井下主要运输巷。该带式输送机由于拆装麻烦而不能满足机械化采煤工作面推进速度快的采区运输的需要。

2. 绳架吊挂式带式输送机

如图 2-2 所示，绳架吊挂式带式输送机主要用于采区顺槽和集中平巷。SPJ-800 型（S：绳架式；P：带式；J：输送机；800：带宽）是十分具有代表性的绳架吊挂式输送机，其结构特点如下。

①机身结构为绳架式，由两根平行钢丝绳代替刚性机架，结构简单，节省钢材，安装拆卸及调整均很方便。

②机身中间机架吊挂在巷道顶梁上，高度可调节，可以适应起伏不平的底板，并便于清扫巷道。

③每隔 60 m 安装一个紧绳托架，以张紧机架钢丝绳。

④铰接槽形托辊组钩挂在钢丝绳架上，可在任一侧拔下楔形销，前后移动托辊组以实现跑偏调整。在两组托辊间装有分绳架，以保证两根机架钢丝绳的间距。

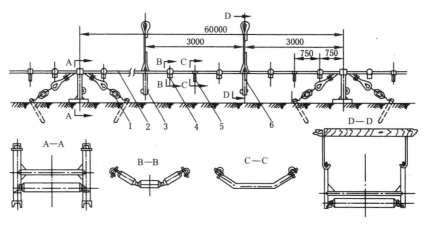

图 2-2　绳架吊挂式带式输送机

1—紧绳装置；2—钢丝绳；3—下托架；4—铰接槽形托辊；5—分绳架；6—中间吊架

30

3. 可伸缩带式输送机

随着综合机械化采煤技术的迅速发展，采煤、掘进工作面推进速度也不断加快，这就要求平巷中的运输设备能够灵活迅速地进行缩短或伸长，以减少拆移次数，节省时间，提高采煤生产能力。

为了适应生产需要，我国于20世纪70年代设计生产了可伸缩带式输送机，它是采区平巷和巷道掘进的专用运输设备。这种输送机在结构上的主要特点是其比通用固定式带式输送机多一个储带装置。储带装置位于机头部后面，主要由储带仓、固定滚筒、游动滚筒小车（拉紧小车）、拉紧绞车、托辊小车、卷带装置等组成。可伸缩带式输送机示意图和工作原理，如图2-3、图2-4所示。

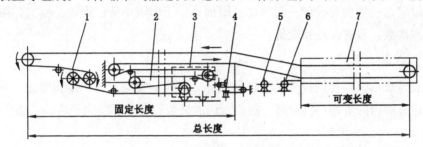

图 2-3　可伸缩带式输送机示意图

1—传动装置；2—储带装置；3—活动小车；4—张紧绞车；5—收放胶带装置；6—机尾牵引绞车；7—机尾架

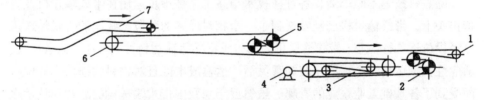

图 2-4　SSJ1200/4×200M 型可伸缩带式输送机工作原理

1—卸载滚筒；2—机头驱动滚筒；3—储带仓；4—拉紧绞车；5—中间驱动滚筒；6—机尾改向装置；7—转载机

需要缩短输送机时，先拆除机尾前端的机架，用机尾牵引机构使机尾前移，拉紧小车在拉紧绞车的牵引下向后移动，胶带重叠在储带仓；需要伸长输送机时，过程反之并增加机架，即操作拉紧绞车松绳，拉紧小车前移，储带仓中的胶带放出，机尾后移，并相应地增设机架。

输送机伸缩作业完成后，拉紧绞车仍以适当的拉力张紧胶带；托辊小车托住储带仓内折返重叠的胶带，以免胶带垂度过大引起上下带互相摩擦，从而影响输送机正常运行。卷带装置一般用来收放胶带。

4. 钢丝绳芯带式输送机

钢丝绳芯带式输送机又称强力带式输送机，主要用于主斜井、大型矿井的主要运输巷道及地面，是一种长距离、大运量的运煤设备。其特点是用钢丝绳芯胶带代替了普通胶带，该类型胶带强度较大，其是大运量、长距离、大功率带式输送机的发展方向之一。

（二）带式输送机的特点

1. 优点

带式输送机运输能力强、工作阻力小、耗电量低（与刮板输送机相比）、可连续输送；货载与胶带一起移动，磨损小，工作噪声低；铺设长度大，可减少转载次数，节省人员和设备。

2. 缺点

胶带成本高、初期投资大，且易损坏，不能承受较大的冲击和摩擦，不适合运送有棱角的货物；机身高，需要专门的装载设备；不能用于弯曲巷道。

第二节　带式输送机的应用及发展趋势

随着科技的不断革新，各种新技术与新工艺被逐步运用在带式输送机及胶带接头上，带式输送机已经发展到了一个相对成熟的阶段。我国的带式输送机已经投放于各行各业。带式输送机因其可承载的运输物料种类广泛、输送量大、适应性强、运输安全平稳、装卸载灵活、运输成本低且对物料的损伤小等优势而受到了各基础工业企业的青睐。虽然近年来我国带式输送机的品种和技术水平也有了较大程度的革新，如柔性制动、防胶带跑偏、监控技术及变频技术已逐步运用于带式输送机，带式输送机的安全性与可靠性也得到了大幅度提高，但我国带式输送机行业起步相对较晚，与国外的技术相比仍具有较大差距。

一、国内带式输送机技术与国外带式输送机技术间的差距

（一）均衡技术与软启动可控技术间的差距

由于带式输送机运输路线长、功率大，并且其为多机驱动，所以有必要采取软启动方式来减轻带式输送机启动时的动态张力，尤其是在多电机驱动时，为了减少对电网的冲击，在软启动时应缓慢开启。由于机器在制造过程中的误差及电机自身特性的差异，各电机在驱动时其驱动点的功率自然会存在不平衡。

目前我国已开始投用调速液力耦合器来保证带式输送机软启动时的功率平衡度，该措施较为有效地解决了带式输送机在长距离输送时软启动与功率之间的平衡问题，但其控制精度与国外技术相比仍有较大的差异。

（二）核心技术间的差异

能否有效实现对带式输送机的动态监测与分析是带式输送机技术领域的核心与关键，这也是制约我国带式输送机技术发展的关键因素。我国目前大多数带式输送机生产企业仍沿用传统的静态带式输送机，研究及制造理论与国外先进水平仍有较大差距。

（三）技术性能上的差异

国内与国外的带式输送机间的最大差异还是制造技术。部分国内的带式输送机在生产制造中的成本过高，质量无法得到可靠的保障，故障发生率及故障发生后的维修与养护费用也高于国外的带式输送机，这就直接导致许多大型企业对于国产的带式输送机信心不足，从而宁愿花更高的价钱去购置国外的带式输送机，导致国产的带式输送机所占有的市场份额也无法实现有效增长。目前国产与进口带式输送机二者间的技术性能差异具体体现在以下五个方面：①装机功率上的差异，国内现有带式输送机的最大装机功率为 4×250 kW，而国外的带式输送机的装机功率可达 4×970 kW，二者相比，国产带式输送机装机功率约为进口带式输送机的 40%，二者差距悬殊；②最大胶带宽度的差异，国产带式输送机的最大胶带宽度为 1400 mm，而进口带式输送机最大可达 1830 mm，差距明显；③运输性能的差异，国产带式输送机最大输送量为 3000 t/h，而进口带式输送机可达 5500 t/h；④带速上的差异，国产带式输送机带速为 4 m/s，而进口带式输送机则大于 5 m/s；⑤国产带式输送机机型种类少，且功能较为单一，适用范围狭小，无法发挥其完整效应。

二、我国带式输送机的发展趋势

（一）大功率、大运量

凡是高生产量或高生产技术的行业必定需要大型带式输送机来辅助其生产。综合国内外市场发展来看，国产带式输送机具有较大的需求空间，市场需要的是可实现长距离、大功率、大运量输送的带式输送机，这是我国带式输送机发展的主要趋势之一。

（二）智能化

未来带式输送机的研究工作重点之一就是如何提升其自身的性能，并保持较高的稳定性。在适当引进与借鉴国外先进技术之余，我国带式输送机最重要的是积极开发自身核心技术，积极推进我国带式输送机的智能化发展。目前许多行业都实现了信息化，当然带式输送机行业也要紧跟时代发展步伐，逐步朝着智能化方向发展，这样才能与社会接轨。

第三节　带式输送机主要部件的结构

带式输送机包括胶带、托辊及机架、驱动装置、张紧装置、制动器等部件。现分述如下。

一、胶带

按胶带带芯结构和材料不同，胶带被分为织物层芯胶带和钢丝绳芯胶带两大类。织物层芯胶带又分为分层织物层芯胶带和整体编织织物层芯胶带。

与分层织物层芯胶带相比，整体编织织物层芯胶带在带强相同的前提下具有厚度小、耐冲击性能好、使用中不分层开裂的优点，但其伸长率较高，需要较大的拉紧行程。

钢丝绳芯胶带是由许多柔软的细钢丝绳相隔一定间距排列，用和钢丝绳有良好黏合性的胶料黏合而成的。它纵向拉伸强度高、抗弯曲疲劳性能好、伸长率小、需要的拉紧装置行程小。

在胶带生产投料时一般会加入一定量的阻燃剂和抗静电剂等材料，经塑化和硫化而成的胶带称为阻燃胶带。阻燃胶带并不是完全不燃烧的胶带，而是在一定的条件下它不燃烧。阻燃胶带阻燃性的含义如下。

①按规定做滚筒摩擦试验，当固定的试件对旋转的钢滚筒产生摩擦时，试件应完全不可燃。

②按规定做酒精喷灯燃烧试验，当火焰从试件下移去时，试件应完全是不可燃的或是能自行熄灭的。

③按规定做丙烷燃烧器燃烧试验，当火焰从试件下移去时，试件上的火焰应自行熄灭。

二、托辊

托辊的作用是支撑胶带，减小胶带运行阻力，并使胶带的垂度不超过一定限度，以保证胶带平稳运行。托辊按其用途可分为槽形托辊、平形托辊、调心托辊和缓冲托辊等。

托辊具体的结构形式较多，但结构原理大体相同，主要由心轴、管体、轴承座、轴承和密封装置等组成，且大多做成定轴式。

如图 2-5（a）所示是钢板冲压轴承座托辊。它的管体 8 用 ϕ 108 mm × 4.5 mm 钢管制造，轴承座用 3 mm 厚的 08F 钢板冲压而成，其采用双层尼龙迷宫密封，具有储油空间大、防水、防尘、密封性能好、使用寿命长等优点，而冲压轴承座具有重量轻、空载功率低等优点。

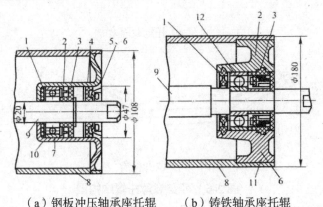

（a）钢板冲压轴承座托辊 （b）铸铁轴承座托辊

图 2-5 托辊结构图

1—尼龙内挡圈；2、3、4—尼龙迷宫圈；5、6—外挡盖；7—轴承（204K）；8—管体；

9—托辊轴；10—冲压轴承座；11—铸铁轴承座；12—轴承（305K）

如图 2-5（b）所示是铸铁轴承座托辊。它使用一层尼龙迷宫密封，密封性能与前者相比较弱。由于使用 305K 轴承，所以其承载能力大于前者。铸铁轴承座的重量较大，但生产成本较低。

可变槽角托辊采用钢管为托辊轴，如图 2-6（a）所示。管外有弹簧 6，弹簧右端与固定在空心轴 1 上的弹簧座 7 接触，左端与滑动弹簧座 5 接触。滑动弹簧座用销子 4 固定在挂钩 15 上，同时可在空心轴的槽内滑动。因此，当胶带上有货载时，托辊受压，通过挂钩压缩弹簧 6，使托辊距离伸长，槽角变大，如图 2-6（b）所示。这种托辊槽角的变化范围为 28° ～ 35°，从而保持胶带始终与托辊接触，运转平稳，不易跑偏。

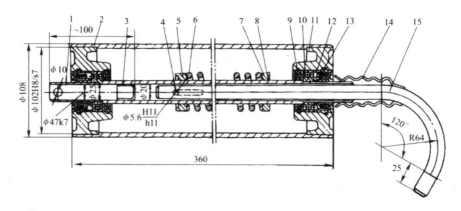

（a）托辊截面

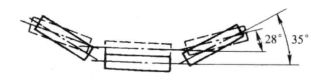

（b）改变槽角

图2-6　可变槽角托辊结构图

1—空心轴；2—管体；3—堵；4—销；5—滑动弹簧座；6—弹簧；7—弹簧座；8—挡；9—尼龙挡圈；10—轴承；

11—轴承座；12、13—内外迷宫圈；14—护套；15—挂钩

三、驱动装置

驱动装置是带式输送的动力来源。电动机通过联轴器、减速器带动主动滚筒转动，借助滚筒与胶带之间的摩擦力，使胶带运动。

按电机数目分，驱动装置有单电机驱动和多电机驱动两种。按传动滚筒的数目分，驱动装置有单滚筒驱动、双滚筒驱动和多滚筒驱动三种。

SSJ800/2×40型可伸缩带式输送机的传动系统如图2-7所示，其由电动机1、液力耦合器2、减速器3、机头滚筒4、传动滚筒5、改向滚筒7、游动滚筒8、机尾滚筒10等部件组成。其传动原理是，电动机通过液力耦合器2带动减速器3，经齿轮减速后由齿形联轴器带动传动滚筒5旋转，当胶带缠绕在两个传动滚筒上并拉紧后，通过摩擦带动胶带9运转，并且为了避免两个传动滚筒产生滑差，两个滚筒用齿数相等的联动齿轮6啮合传动。

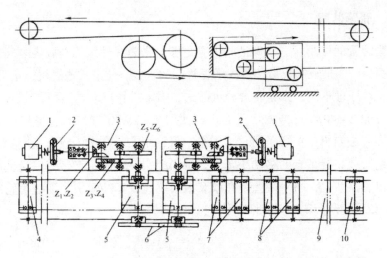

图 2-7　SSJ800/2×40 型可伸缩带式输送机的传动系统示意图

1—电动机；2—液力耦合器；3—减速器；4—机头滚筒；5—传动滚筒；6—联动齿轮；

7—改向滚筒；8—游动滚筒；9—胶带；10—机尾滚筒

　　SSJ800/2×40 型伸缩带式输送机减速器的结构如图 2-8 所示。该减速器采用三级圆锥圆柱齿轮传动，第一级传动齿轮采用圆弧锥齿轮，第二级传动齿轮采用斜齿圆柱齿轮，第三级传动齿轮采用直齿圆柱齿轮，壳体采用水平剖分式结构，上下对称，用销子定位，再用螺栓固定，便于检修。输入轴采用花键与液力耦合器连接，输出轴采用齿形联轴器与传动滚筒连接。

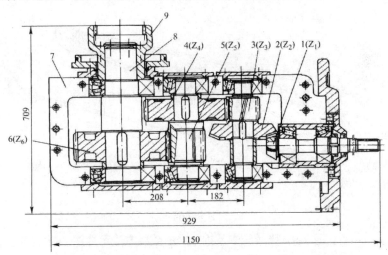

图 2-8　SSJ800/2×40 型伸缩带式输送机减速器结构图

1—主动锥齿轮；2—从动锥齿轮；3—高速轴及主动斜齿轮；4—从动斜齿轮；

5—中间轴及主动圆柱齿轮；6—从动圆柱齿轮；7—壳体；8—输出轴；9—齿形联轴器

四、张紧装置

张紧装置的作用：一是保证胶带有足够的张力，使滚筒与胶带之间保持必要的摩擦力；二是限制胶带在各支承托辊间的垂度，使带式输送机能正常工作。

按工作原理不同，张紧装置分重锤式、固定式和自动式三种。

SSJ800/2×40 型可伸缩带式输送机使用 7.5 kW 张紧绞车松紧胶带。牵引绳的缠绕方法如图 2-9（b）所示。四组定滑轮组安装在牵引绞车基座上，四组动滑轮组安装在储带仓的移动小车上，牵引绳头一端固定在带式输送机框架上的负荷传感器 7 上，另一端缠绕在绞车滚筒上，绞车的牵引力通过滑轮组放大38 倍，从而降低了牵引绞车的功率。

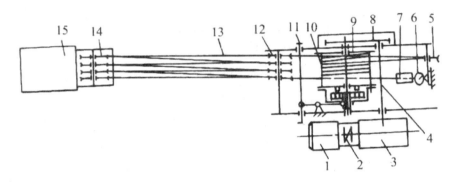

（a）张紧绞车

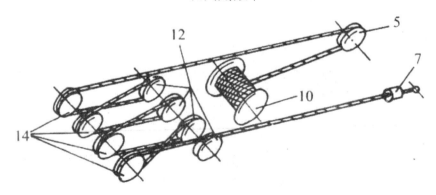

（b）钢丝绳的缠绕

图 2-9　张紧绞车及钢丝绳的缠绕方法示意图

1—电动机；2—联轴器；3—蜗轮减速器；4—传动轴；5、12—定滑轮；6—张力计；7—负荷传感器；

8—传动齿轮；9—离合制动器；10—滚筒；11—操纵装置；13—钢丝绳；14—动滑轮组；15—移动小车

五、制动器

带式输送机倾斜向下运输时，为了防止在停机过程中出现胶带超速或滚料，必须装设安全、可靠的制动装置。制动装置按工作的方式不同分为逆止器和制动器两种。

（一）逆止装置

为了防止倾斜向上运输的带式输送机停机后胶带反向逆行，必须要在输送器上装设安全、可靠的逆止装置。对逆止装置的要求如下。

①逆止装置的额定逆止力矩应大于输送机所需逆止力矩的 1.5 倍。

②逆止装置不得影响减速器正常运转。

（二）制动器

1. 制动器的结构和工作原理

带式输送机常用的制动器分为闸瓦制动器和盘式制动器两大类，下面就以闸瓦式制动装置为例进行介绍。

闸瓦式制动装置由制动臂、闸瓦、闸轮和弹簧等部件组成，是一种综合块式制动装置，如图 2-10 所示。两个制动臂 1、2 的下部用销轴固定在电动机与减速器连接筒的壳体上，调节杆 7 通过叉头 16 用销轴与制动臂 1 相连，另一端的十字头 6、间隔套 8 铰接在三角杆 5 上，三角杆的两端与制动臂 2 和电液推动器 20 的活塞杆铰接，将弹簧 14 压入套管 12 内，螺杆 13 穿过三角铰钉接的十字头，套管 12 的另一端用销轴 17 与支座 9 铰接，支座 9 则用销轴固定在连接筒的壳体上，制动轮 22 用螺栓连接在减速器输入轴的法兰套上。为了限制制动臂的位移和调节闸瓦间隙，两边均装有调节螺钉 11，它们分别安装在支座 9 和 10 上，支座 10 也用销轴 17 固定在连接筒的壳体上。

制动装置利用电液推动器 20 实现制动。当电液推动器通电后，制动闸松开；断电后，制动闸在弹簧 14 的作用下自动抱闸。电液推动器活塞杆的行程为 50 mm，制动闸最大制动力矩为 500 N·m。

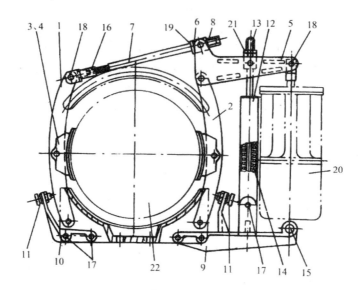

图 2-10　闸瓦式制动装置结构图

1、2—左右制动臂；3—闸瓦；4—闸衬；5—三角杆；6—十字头；7—调节杆；8—间隔套；9、10—支座；

11—调节螺钉；12—套管；13—螺杆；14—弹簧；15、17、18—销轴；16—叉头；19—垫；20—电液推动器；

21—螺母；22—制动轮

2. 制动器的要求

各种形式的制动系统在正常制动和停电紧急制动时，应满足如下性能要求。

①制动减加速度为 0.1～0.3 m/s。

②制动系统中制动装置的制动力矩不得小于该输送机所需制动力矩的 1.5 倍。

③频繁制动（10 次/h）时的温度：液力制动时，介质液温不得超过 85 ℃；电制动时绕组温度不得超过 100 ℃（绕组为 F 级绝缘时）；机械摩擦制动时摩擦表面温度不得超过 150 ℃。

六、卷带装置

卷带装置由卷带绞车 1、储带滚筒 2、小车移动架 3、顶尖小车 4、卷带装置架 5 等部件组成，如图 2-11 所示。它设在储带装置后侧，其作用如下。

①与后退式采煤方法配合使用，输送机缩短一定距离后，它可以从储带仓中取出一段胶带。

②与前进式采煤方法或与掘进工作面配合使用，输送机延长一定距离后，它可以向储带仓增加一段胶带。

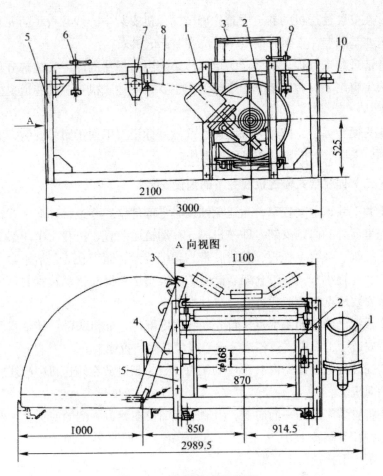

图 2-11 卷带装置结构图

1—卷带绞车；2—储带滚筒；3—小车移动架；4—顶尖小车；5—卷带装置架；

6、9—夹板；7—跳心托辊；8—胶带（前端）；10—胶带（后端）

第四节 带式输送机的安全操作运行

一、带式输送机的安装与调试

（一）安装前的准备工作

带式输送机在井下安装前的准备工作主要如下。

①设备下井前，安装人员必须熟悉设备和有关图纸资料，并根据矿井巷道的运输条件确定设备部件的最大尺寸和质量。

②在安装输送机的巷道中首先确定输送机安装中心线和机头的安装位置，并将这些基准点在支架或顶板相应位置上标记出来。

③清理巷道底板，根据输送机总体装配图所标注的固定安装部分长度将巷道底板平整出来。对安装非固定部分（主要指落地式机身）的巷道也要求做一般性平整。

④为便于运输，应将大件解体，并做好标记，以便于对号安装，对外露的加工面应采取保护措施，防止磕碰损伤。

（二）伸缩带式输送机在井下的铺设安装

①井下巷道空间较窄，为避免铺设时零部件堵塞巷道，伸缩带式输送机应按照先里后外的原则安装，即按机尾、移动机尾装置、机身（中间架）、回空胶带下托辊、纵梁上托辊、载货胶带、卷带装置、储带仓（包括张紧小车、移动小车、托辊小车、储带仓架、储带转向架车）、机头传动装置的顺序，搬运到各自安装地点的巷道旁边。

②根据已确定的基准点，首先安装固定部件，如机头部、储带仓、机尾等部件。安装后，机头尾及各滚筒中心线应在同一直线上。

③安装机身时首先将 H 形中间架每 3 m 一架卧放在输送机中心线底板上，底脚朝向机头。

④将胶带工作的一面向上，沿输送机铺设在巷道一侧的底板上，然后从一端开始将胶带翻转180° 搭在中间架的横梁上，如图 2-12 所示，然后再装中间架的纵梁、下托辊与上托辊。

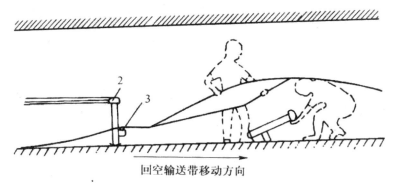

回空输送带移动方向

（a）胶带的铺设

图 2-12　回空胶带的铺设示意图

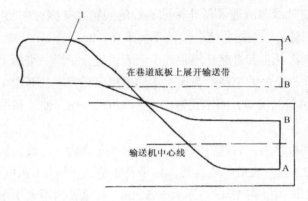

在巷道底板上展开输送带

输送机中心线

（b）胶带的翻转

图 2-12　回空胶带的铺设示意图（续）

1—铺设中的胶带；2—H 形中间架；3—下托架

⑤载货胶带可借助主传动滚筒和另设置的一台牵引绞车进行铺设。

⑥用于后退式采煤方法时，将储带仓中的游动小车置于靠近机头端（前进式或综掘工作面则置于远离机头的一端），开动绞车，给胶带以足够的张力，以保证输送机在启动和运行过程中胶带不会在传动滚筒上打滑。

⑦检查各部分安装情况，清除影响运转的障碍物，做好通信联络，检查电控保护装置动作，准备点动开车调试。

（三）安装质量要求

①所有零部件（包括外协件）必须经检验合格后方可进行装配。配套件、外购件必须有合格证书。托辊、减速器、制动器、液力耦合器、胶带、电动机等重要部件须有国家授权检测单位的合格证书。

②同一型号的机架应能互换。

③输送机架中心线直线度应不大于表 2-1 的规定，并应保证在任意 25 m 长度内的偏差不大于 5 mm。

表 2-1　输送机架中心线直线度

输送机长度 /m	$L<100$	$100<L<300$	$300<L<500$	$300<L<1000$	$1000<L<2000$	$L>2000$
直线度 /mm	20	30	50	80	150	200

④滚筒轴线与水平面的平行度公差值不大于 1/1000。

⑤滚筒轴线对输送机机架中心线的垂直度公差值不大于 1/500。滚筒或托辊与输送机机架要对称，其对称度公差值应不大于 3 mm。

⑥驱动滚筒轴线与减速器低速轴轴心线的同轴度按国标中的 10 级要求布置，两驱动滚筒轴心线的平行度公差值不大于 0.4 mm。

⑦托辊（调心托辊和过渡托辊除外）上表面应位于同一平面上（水平面或倾斜面）或者在一个公共半径的弧面上（输送机凹弧段或凸弧段）。其在相邻三组托根之间的高低偏差，固定式输送机不大于 2 mm，伸缩和吊挂式输送机不大于 3 mm。

⑧储带仓和机尾的左右钢轨踏面应在同一水平面内，每段钢轨的轨顶高低偏差不得超过 2 mm。轨道应成直线，且平行于输送机机架的中心线，其直线度公差值应在 1 m 内，在 25 m 内不大于 5 mm，在全长内不大于 15 mm。轨距偏差控制在 ±2 mm，轨道接缝处踏面的高低差应不大于 0.5 mm，轨缝应不大于 3 mm。

⑨清扫器与胶带在滚筒轴线方向上的接触长度应大于带宽的 85%，且性能稳定，清扫效果良好。

⑩加料口处的导料槽应具有良好的导料性能。

⑪胶带接头的接缝处应平直，在 1 m 的长度上的直线度公差值不大于 20 mm，如图 2-13 所示。

⑫各移动部件安装后，应移动灵活，调整方便。

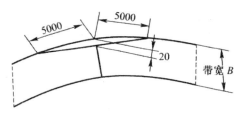

图 2-13 胶带接头的平直要求示意图

（四）带式输送机的运转试验

带式输送机的运转试验应分三步进行。

（1）未装胶带的试运转

当机头、储带仓和电气设备都装好后，先不装胶带，进行空运转，检查减速器运转是否平稳，轴承声响、温度是否正常，张紧绞车、卷带绞车是否性能良好。

（2）装上胶带后的空运转

①拉紧胶带：在空运转前，开动张紧绞车给胶带施加足够的张力。

②空运转试验：空运转时全线各点都必须设人观察情况，发现胶带跑偏、

打滑及其他不正常情况时，应立即停车，进行处理。

③空运转时间：一般空运转时间为 4 h 左右。

（3）负荷运转

空运转确认没有问题后方可放煤进行负荷运转试验。

①驱动装置应运行平稳，不允许出现异常振动及声响，在启动和运行过程中不允许胶带有打滑现象。

②运行过程中胶带边缘不得超出托辊管体和滚筒边缘。

③负荷运转试验时间为 2 h。

二、胶带接头的制作

（一）制作胶带接头的准备工作

①按胶带的厚度选用相适应的钉扣机和 U 形扣，见表 2-2。

表 2-2　胶带用 U 形扣接头

序号	结构形式	型号	适用胶带厚度 /mm	最大张力 /（N/mm）
1	单排钉	DGK2.1	8 ～ 12	560（标准要求）300 ～ 350（实测）
2		GK2.2	12 ～ 14	
3	双排钉（一齐）	DGK3.1	8 ～ 12	980（标准要求）
4		DGK3.2	12 ～ 14	
5	双排钉（错开）	DGK4.1.1	8 ～ 10	1580
6		DGK4.2.1		800
7		DGK4.1.2	10 ～ 13	1580
8		DGK4.2.2		800
9		DGK4.1.3	13 ～ 16	1580
10		DGK4.2.3		800
11		DGK4.1.4	16 ～ 18	1580
12		DGK4.2.4		800

②切割接头时，要使接头与胶带边呈 90°。

③接头两侧应切去一个三角形，其高度 h 为 25 ～ 30 mm，如图 2-14 所示。

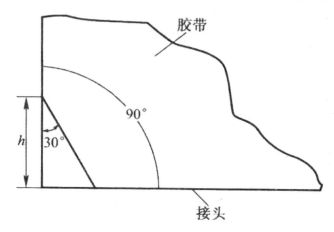

图 2-14　胶带接头的切割示意图

④U 形钉的尖端应向着胶带承载的一面。

⑤钢丝绳连接销的长度 L 应小于胶带宽度，如图 2-15 所示。

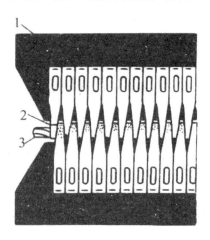

图 2-15　胶带接头示意图

1—胶带；2—U 形扣；3—钢丝绳连接销

（二）胶带接头的操作

胶带接头一般使用订扣机（又称打卡机）手工操作订扣，常用的订扣机有 DK 系列和 DGK4 系列两种。

三、卷带装置的操作

（一）使用后退式采煤方法时卷带装置的操作方法

①卸净胶带上的货载。

②将小车移动架放下，将空滚筒放在顶尖小车上，再把顶尖小车推入卷带装置架内，然后把小车移动架竖起并用销子挂住。

③操纵顶尖手轮，使小车和减速器输出轴的顶尖进入滚筒轴孔内，同时滚筒慢慢抬起离开小车架，这时滚筒一侧的牙嵌离合器也与减速器输出轴顶尖上的牙嵌离合器啮合。

④将胶带接头转到卷带装置架中的两个手动胶带夹板之间。

⑤停机，闭锁控制键。

⑥用手摇动螺杆，通过两夹板把胶带接头两端夹住，抽出接头钢丝绳连接销，把前面的接头与滚筒上预留的一段胶带接头用钢丝绳连接销重新穿接好。

⑦放松前方的胶带夹板。

⑧使张紧绞车处于放松带的状态。

⑨启动卷带绞车，将储带仓内的胶带卷到滚筒上。

⑩当这卷胶带的另一个接头越过前方夹板进入卷带装置架内后，用夹板将胶带夹紧，抽掉接头连接销，将前后夹板夹住的两个接头仍穿接好。

⑪将卷好的胶带用钢丝捆好，以防松脱。

⑫将滚筒从架子中拉出，通过设在输送机侧轻便轨道上的平车，把这卷胶带运走。

⑬紧带、解锁、试运。

（二）前进式采煤方法或掘进工作面使用的带式输送机卷带装置的操作

①将卷有胶带的卷带滚筒送进卷带机架，使牙嵌离合器不与减速器输出轴上的离合器啮合。

②将机身胶带在卷带架内拆开（同前述）。

③将后端胶带固定在卷带架上，前端胶带与卷带滚筒上的胶带连接。

④开动张紧绞车，拉移动小车后移，这时就可将卷带滚筒上的胶带补充入储带仓，以备机身继续延长使用。

第三章 矿用电机车

第一节 概 述

机车是轨道车辆运输的一种牵引设备，其按使用的动力分为电机车和内燃机车。机车上的牵引电机（或内燃机）驱动车轮转动，借助车轮与轨面间的摩擦力，使机车在轨道上运行。这种运行方式使机车的牵引力不仅受牵引电机（或内燃机）功率的限制，还受车轮与轨面间的摩擦力制约。机车运输能行驶的坡度有限制，运输轨道坡度一般为 3‰，局部坡度不能超过 30‰。

一、矿用电机车的分类及组成

目前，我国矿用电机车都采用直流电机车，其牵引电动机及牵引电网均使用直流电。

直流电机车有两种：一种是架空接触线随遇供电式电机车，简称架线式电机车；自携电源蓄电池式电机车，简称蓄电池式电机车，如图 3-1 所示。

（a）架线式电机车　　　　　　（b）蓄电池式电机车

图 3-1　直流电机车

架线式电机车由列车和供电设备两部分组成。其中，列车由电机车和其所牵引的矿车组成；供电设备由牵引电网与牵引用变流室组成。架线式电机车及供电系统如图 3-2 所示。

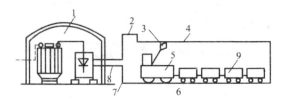

图 3-2　架线式电机车的供电系统示意图

1—牵引交流所；2—馈电线；3—馈电点；4—架空裸导线；5—电机车；

6—运输轨道；7—回电点；8—回电线；9—矿车

牵引电网是架空接触线和轨道随遇向架线式电机车供应电能的网络，由馈电电缆、回电电缆、架空接触线和轨道四部分组成。

牵引变流室内安装有交流变流设备、专用变压器、直流配电设备等。牵引变流室一般与井底车场电流所设置在一起或在其附近的专用硐室内。

蓄电池式电机车运输设备由列车、供电设备组成。此类设备轨道不在供电系统中。蓄电池式电机车的供电设备有充电及交流两种。

架线式电机车运行时，受电弓与架空线间难免发生火花。因此架线式电机车只能在低沼气矿井进风（全风压通风）的主要运输巷道内使用。巷道支护必须使用不燃性材料。如在高沼气矿井进风（全风压通风）的主要运输巷道内使用架线式电机车，必须遵守《煤矿安全规程》有关规定。

蓄电池式电机车由车上携带的蓄电池供电，运输线路不受限制，但需要充电设施，蓄电池放电到规定值时需更换。蓄电池电机车只一端有驾驶室，向另一端运行时，电油箱会阻碍司机视线，此时司机只好探身室外瞭望，这种情况就很容易发生事故。一般情况下采用双驾驶室就能解决这一不安全因素，现在已有双驾驶室蓄电池式电机车。

蓄电池式电机车按其防爆安全性能分为以下两种。

①防爆安全型。该类电机车的电动机、控制器、灯具、电缆插销等设备均为防爆型，但其蓄电池和电池箱为普通安全型，其主要用于以全风压通风的瓦斯矿井主要运输巷道、掘进岩石巷道。

②防爆特殊型。该类电机车的电动机、控制器、灯具、电缆插销等设备为隔爆型，其蓄电池则为防爆特殊型。其主要用于瓦斯矿井的主要回风道和采区进风及回风道。

二、矿用电机车的工作原理

下面以架线式直流电机车为例介绍电机车的工作原理。架线式电机车的供电方式如图 3-2 所示。交流电在牵引用变流室整流后，正极接在架空线上，负极接在轨道上；架空线是沿运行轨道上空架设的裸导线，机上的受电弓与架空线接触，将电流引入车内，经车上的控制器控制牵引电动机运转，从而带动电机车及矿车运行；最后电流经轨道流回。因此，架线式电机车的轨道必须按电流回路的要求接通。

第二节 电机车的发展与运输监控

随着国家经济的快速发展，矿业生产对矿用机车的运输能力、自动化和安全方面的要求越来越高，因此国内研究人员对相关设备做了大量的研究工作。

近 20 年是电力电子技术发展取得突飞猛进的时代，特别是电力电子半导体器件（GTO）和绝缘栅双极型晶体管（IGBT）等大功率器件的出现为交流电机调速技术取代直流调速技术奠定了坚实的基础。与此同时交流电机调速技术的理论也在不断完善。因此，这期间使用交流调速的领域、行业和部门在日益扩大，并且发展迅速，而直流调速的领域、范围正日益萎缩。但在工矿电机车领域中直流调速系统仍占据着很大的份额，特别是在我国，可以说直流调速系统仍占据着统治地位，尤其是在大型工矿电机车领域，仍然是落后的电阻启动与制动调速直流驱动系统的一统天下。

一、窄轨工矿电机车发展简况

我国的窄轨工矿电机车生产总体上来说可以满足矿山运输的需要，但由于历史原因，窄轨工矿电机车产品规格、配套品种繁杂，品种规格多，虽然可以满足各类矿山、各种生产作业方式的需要，但这对于产品的标准化、系列化、通用化及配套产品生产组织与备品供应乃至设备维护保养均有消极的影响。

目前对各矿山不同的轨道、轨距进行调整可能会比较困难，但对矿山的供电电压等级进行规范和压缩应该还是相对容易的，做好这件事，工矿电机车及其配套件的标准化、规范化程度就能提高，并且设计、生产、维护等环节均会简化。这样做显然对制造商、用户都是大有益处的。

VVVF 交流调速驱动系统就是导致直流调速系统全部退出地铁、轻轨领域的，由三相交流鼠笼式电机车驱动车辆运行的交流调速系统，是当今牵引调速电机技术的最佳系统，它采用价廉、坚固耐用、可靠性高的交流电机，完全摆脱了直流电机价高、环火、故障多的毛病，我国首台小型工矿电机车是牵引电气设备分会以外的一家工厂在1999年试制成功并投入运行的，由于交流系统调速技术的复杂性，并且由IGBT等电力电子器件构成的逆变器及控制系统成本较高，所以当时无论是制造商还是用户对将交流调速驱动系统用于小型工矿电机车的做法均有很大争议。为了增强用户对交流驱动系统调速技术的认识，增进制造商和用户双方的互动，制造商要狠下工夫，切实提高产品质量，提高产品的运行可靠性，增强用户对产品的信心，认真扎实做好相关培训工作，用户也要根据自己的实际情况提高司乘、维护人员的相关知识，不断实践完善对新系统的操纵能力。

窄轨工矿电机车技术今后的发展趋势有以下两方面。

①必须努力使全国的小型工矿电机车技术在一个统一的技术标准下开展设计工作，按三化要求组织生产，提供配套电机电器及各种备品供应。

②在工矿电机车领域内扩大交流驱动调速技术所占的比例，因交流驱动比直流驱动在技术和使用维护的成本上都具有无可比拟的优势。

二、电机车的运输监控技术及发展趋势

井下电机车运输是煤矿重要而且必要的运输方式之一。国内外大量实践早已证明：轨道机车的运输效率和经济效益不仅取决于机车、线路等方面的因素，而且在很大程度上取决于监控系统的功能。

电机车运输监控系统主要涉及传感检测、视频监控、工业网络通信、智能控制等关键技术。

①传感检测技术。从我国"信集闭"的发展来看，我国过去所用的信号采集器件主要有辅助导线、水银开关、超声、无线感应等。但这些采集组件均因可靠性差和维护量大等原因而逐渐被淘汰，现在科研人员通过大量试验和不断摸索，一种磁感应式的无源干簧管因其采集信号的可靠性高、安装方便、维护量小等优点正被普遍采用。

②视频监控技术。目前国内煤矿井下装备的工业电视监控系统主要有KJ28和KJ32两种型号，用光缆作为传输介质，一路图像传输占用一根光纤，图像不能在现有的监测监控通信网络平台上同时传输。

③工业网络通信技术。现场总线和工业以太网是目前工业控制中的首选通信网络，现场总线具有良好的开放性、互操作性和系统结构的高度分散性。但传输距离受限；工业以太网传输距离远、速度快，能够实现办公自动化网络与

工业控制网络的无缝连接，但现场传输的稳定性较差。根据煤矿井下机电运输的特点和数据传输的需要，井下无线传输、多点射频通信技术是底层数据集成的关键；地面调度和实时监控及其与生产管理系统的连接是现代化生产的必然要求。因此基于现场总线和工业以太网的通信技术在煤矿井下机车运输监控中具有广阔的应用前景。

④智能控制技术。近年来，人工智能技术在工业控制中应用日益广泛。在机车调度和系统故障诊断中可引入人工智能技术，实现机车的智能优化调度，从而提高机车运输效率；建立故障专家库、模拟神经网络等措施可以增强系统的自诊断和自学习能力、提高监控系统的稳定性和可维护性。

第三节　电机车的结构

矿用电机车由机械和电气两大部分组成。机械部分的基本结构如图 3-3 所示，下面分别将各部分简述如下。

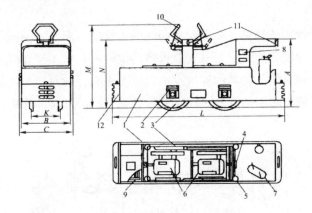

图 3-3　矿用电机车外形图

1—车架；2—轴承箱；3—轮对；4—制动手轮；5—砂箱；6—牵引电动机；

7—控制器；8—自动开关；9—启动电阻器；10—受电弓；11—车灯；12—缓冲器及连接器

一、车架

车架是机车的主体，是由厚钢板焊接而成的框架结构。除了轮对和轴承箱，机车上的机械和电气装置都安装在车架上。车架用弹簧托架支承在轴承箱上。运行中因常受到冲击、碰撞，而容易产生变形，所以应加大钢板厚度或采取相应的措施增加车架的刚度。

二、轮对

轮对由两个车轮压装在一根轴上而成。车轮有两种，一种是轮箍和轮芯热压装在一起的结构，如图 3-4 所示；另一种是整体车轮。前者的优点是轮箍磨损到极限时，只更换轮箍不用整个车轮报废。

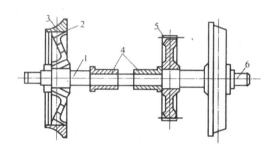

图 3-4 矿用电机车的轮对结构图

1—车轴；2—轮心；3—轮箍；4—轴瓦；5—齿轮；6—轴颈

三、轴箱

轴箱是轴承箱的简称，多与轮对两端的轴颈配合安装，轴箱两侧的滑槽一般与车架上的导轨相配，上面有安放弹簧托架的座孔。车架靠弹簧托架支承在轴箱上，轴箱是车架与轮对的连接点。轨道不平时，轮对与车架的相对运动发生在轴箱的滑槽与车架的导轨之间，并依靠弹簧托架起缓冲作用。轴箱结构如图 3-5 所示。

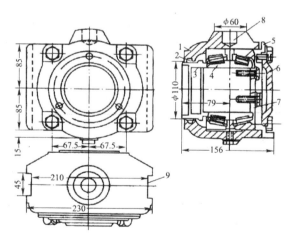

图 3-5 轴箱结构图

1—轴箱体；2—毡圈；3—止推环；4—滚动轴承；5—止推盖；

6—轴箱端盖；7—轴承压盖；8—座孔；9—滑槽

四、弹簧托架

弹簧托架是一个组件，由弹簧、连杆、均衡梁组成。图3-6是一种使用板簧的弹簧托架结构图。每个轴箱上座装一副板簧，板簧用连杆与车架相连。均衡梁在轨道不平或局部有凹陷时，起均衡各车轮上负荷的作用。

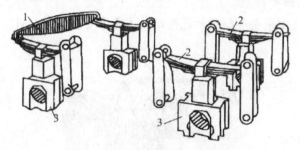

图3-6　弹簧托架结构图

1—均衡梁；2—板簧；3—轴箱

五、齿轮传动装置

矿用电机车的齿轮传动装置有两种形式：一种是单级开式齿轮传动，其结构如图3-7（a）所示；另一种是两级闭式齿轮减速箱，其结构如图3-7（b）所示。开式传动方式传动效率低，传动比较小，而闭式齿轮箱传动效率较高，齿轮使用寿命较长。

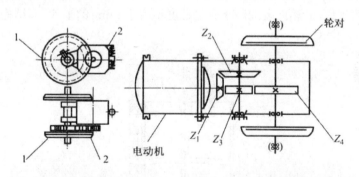

（a）单级开式齿轮传动　　　　（b）闭式齿轮减速箱

图3-7　矿用电机车的齿轮传动装置示意图

1—抱轴承；2—挂耳

六、制动装置

电机车的制动装置分为以下两种。

（1）机械制动

机械制动就是利用制动闸或制动器进行制动。矿用电机车的制动闸多是闸瓦式，用杠杆使闸瓦紧压车轮踏面，借助闸瓦与车轮的摩擦力形成制动力矩。其操作方式有手动、气动和液动三种。手动操作的制动装置如图 3-8 所示。

（2）电气制动

电气制动是牵引电动机的能耗制动，不需要专门设置，只需用控制器改变电气线路即可。

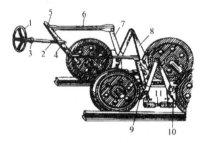

图 3-8　矿用电机车的手动制动装置结构图

1—手轮；2—螺杆；3—衬套；4—螺母；5—均衡杆；6—拉杆；7、8—制动杆；

9、10—闸瓦；11—正反扣调节螺丝

七、撒砂装置

机车上的撒砂装置是用来向车轮前沿轨面上撒砂的装置，以加大车轮与轨面间的摩擦系数。砂箱内装的砂子应是粒度不大于 1 mm 的干砂，其结构如图 3-9 所示。

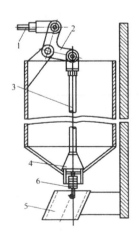

图 3-9　矿用机车撒砂装置结构图

1、3—拉杆；2—摇臂；4—锥体；5—出砂导管；6—弹簧

八、缓冲器及连接器

缓冲器设在车架的两端，用以承受冲撞。一般采用弹簧缓冲器就能减轻冲击。连接器用来连接被牵引的列车。为了能连接不同牵引高度的矿车，机车上的连接器做成多层接口。目前矿用电机车的连接器还多是手动摘挂，但已有改用自动连接器的机车在使用。

第四节　列车运行理论

电机车和它所牵引的矿车组总称为列车。列车运行理论是研究作用于列车上的各种力与其运动状态的关系及机车牵引力和制动力的产生等问题的理论。

一、列车运行的基本方程式

在讨论列车运行的基本方程式时，为简化过程，这里假定电机车与矿车之间、矿车与矿车之间的连接都是刚性的，因而在运动的任何瞬间，列车中各部分的速度或加速度都是相同的。把整个列车当作平移运动的整体来看待，与实际情况虽有差异，但结果对应用影响不大。

列车运行有以下三种基本状态。

（1）牵引状态

列车在牵引电动机产生的牵引力作用下加速启动或匀速运行。

（2）惯性状态

牵引电动机断电后列车靠惯性运行，一般这种状态为减速运行。

（3）制动状态

列车在制动闸瓦或牵引电动机产生的制动力矩作用下减速运行或停车。

列车在牵引状态时，作用在列车上的力有三个：牵引电动机产生的与列车运行方向一致的牵引力 F；与列车运行方向相反的静阻力 W_j；列车加速运行时产生的惯性阻力 W_a。根据力的平衡原理，列车在牵引状态下力的平衡方程式为

$$F-W_j-W_a=0 \qquad (3\text{-}1)$$

（一）惯性阻力

列车在平移运动的同时，还有电动机的电枢、齿轮及轮对等部件的旋转运动。为了考虑旋转部件的转动对平移运动惯性阻力的影响，引入一个惯性系数来计算列车的惯性阻力。其计算公式为

$$W_a = m(1+r)a \qquad (3\text{-}2)$$

式中：W_a 为列车的惯性阻力；m 为列车全部质量；r 为惯性系数，矿用电机车为 0.05 ～ 0.1，平均取 0.075；a 为列车加速度，井下电机车一般取 0.03 ～ 0.05 m/s^2。

$$m = \frac{P+Q}{g} \times 1000 \qquad (3\text{-}3)$$

式中：P 为电机车重力；Q 为车组重力；g 为重力加速度，取 10 m/s^2。

将 r 值和 g 值代入式（3-2）得

$$W_a = \frac{P+Q}{g} \times 1000(1+r)a = 110a(P+Q) \qquad (3\text{-}4)$$

（二）静阻力

列车运行的静阻力一般只计算基本阻力和坡道阻力。因列车的运行速度较低，故弯道阻力、道岔阻力、空气阻力等在计算时均忽略不计。

1. 基本阻力 W_0

基本阻力 W_0 是指轴颈与轴承间的摩擦阻力、车轮在轨道上的滚动摩擦阻力、轮缘与轨道间的滑动摩擦阻力以及矿车在轨道上运行时由于冲击振动所引起的附加阻力等。通常基本阻力是通过试验来确定的。

基本阻力用下式计算。

$$W_0 = 1000（P+Q）w \qquad (3\text{-}5)$$

式中：W_0 为列车运行的基本阻力；w 为列车运行阻力系数。

2. 坡道阻力 W_i

坡道阻力 W_i 是列车在坡道上运行时，由于列车重力沿坡道倾斜方向的分力所引起的阻力。用下式计算。

$$W_i = \pm 1000(P+Q)\sin\beta \qquad (3\text{-}6)$$

式中：W_i 为坡道阻力；β 为坡道倾角。

因电机车运输的 β 很小，故将 $\sin\beta \approx \tan\beta = i$ 代入式（3-6）得

$$W_i = \pm 1000（P+Q）\sin\beta = \pm 1000（P+Q）i \qquad (3\text{-}7)$$

式中：i 为轨道坡度，在计算中常用平均坡度值 3‰；$\pm$ 为列车上坡时取"+"号，列车下坡时取"–"号。

列车运行时的全部静阻力为基本阻力与坡度阻力之和，即

$$W_j = W_0 + W_i = 1000(P+Q)(w \pm i) \qquad (3\text{-}8)$$

将式（3-4）、式（3-8）代入式（3-1），便得出列车在牵引状态下的基本方程式。

$$F = 1000(P+Q)(w \pm i + 0.11a)$$ （3-9）

利用上式可求出在一定条件下电机车所必须给出的牵引力，或者根据电机车额定的牵引力求出列车中的矿车数。

制动状态与牵引状态的不同点是牵引电动机断电，牵引力为零。电机车利用机械或电气制动装置施加一个制动力 B，其方向与列车运行方向相反；同时，静阻力 W_j 成为帮助制动的力，使列车减速运行。此时，惯性力 W_a 与运行方向一致。因此，列车在制动状态下力的平衡方程式为

$$-B - W_j + W_a = 0$$
$$B = W_a - W_j$$ （3-10）

式中：$B = 1000 (P+Q) (0.11a \pm i - w)$

利用上式可求出在不同条件下列车制动装置必须产生的制动力，或者给定制动力，求出减速度及制动距离。

在惯性状态下，电机车牵引电动机断电，牵引力等于零，列车依靠断电前所具有的动能或惯性继续运行。在这种情况下，列车除了受静阻力 W_j 以外，还受到惯性力作用，由于减速度所产生的惯性力与列车运行方向相同，正是它使列车继续运行。因此，列车在惯性状态下力的平衡方程式为

$$- W_j + W_a = 0$$
$$-1000 (w \pm i) + 110a = 0$$

$$a = \frac{i}{0.11}(w \pm i)$$ （3-11）

式中：上坡时取"+"号，下坡时取"–"号。

由式（3-11）可知，当列车运行阻力系数一定时，惯性状态的减速度取决于轨道坡度的大小和上坡与下坡运行方向。上坡或水平运行时的减速度 a 始终保持正值，直到停车为止。下坡时，若 $i<w$，则 a 为正值，即仍为减速运行，直到停车；若 $i>w$，则 a 变为负值，此时列车不再是减速而是加速运行了。由此可见，惯性状态是很不可靠的，操作时应予以特别注意。

二、电机车的牵引力

电机车电动机产生的旋转力矩通过减速器传递给机车的主动轮对时，车轮在轨道上滚动，机车牵引矿车组向前运行。为了保证电机车正常运行，必须保证车轮在轨道上滚动且与轨道间不产生相对滑动，因此在电机车运行的任何瞬

间，车轮与轨道接触点的相对速度必须等于零。

下面就分析电机车的电动机产生的旋转力矩怎样转化成机车牵引力，牵引力与哪些因素有关。如图 3-10 所示，在轮轴上有牵引电动机传来的转矩 M，使车轮以轮轴为中心旋转，根据力的等效定理，这个力矩可以用一个力偶（$F_k \cdot D/2$）来代替，即

$$F_k \frac{D}{2} = M \qquad (3-12)$$

式中：D 为电机车主动轮轴上的车轮直径；F_k 为车轮作用于轨道接触点上的力。

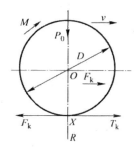

图 3-10　主动轮轴受力示意图

车轮作用于轨道接触点上一个力则轨道对车轮接触点也有一个反作用力，这个反作用力就是摩擦力 T_k。它与 F_k 大小相等，方向相反，保证 X 点无相对位移，成为瞬时回转中心。那么，作用于车轮轮心 O 上的力 F_k 即为推动列车前进的力。此力与列车运行总阻力相平衡叫作牵引力。所有主动轮上牵引力的总和叫作电机车的牵引力或轮缘牵引力。

单个主动轮对的牵引力 F_k 与电动机工作时传来的旋转力矩 M 成正比，若增大电动机功率，牵引力 F_k 也将增大，但 F_k 增大不是任意的，它主要受摩擦力 T_k 的限制。如果 F_k 大于 T_k，车轮与轨道间就会产生滑动。T_k 的最大值为

$$T_k = 1000 P_0 \psi \qquad (3-13)$$

式中：P_0 为机车作用在单个主动轮对上的正压力；ψ 为轮缘与轨道间的黏着系数；T_k 为车轮与轨道间的摩擦力，也称为黏着力。

为保证该主动轮对在轨道上不发生相对滑动，则必须满足：$F_k \leqslant 1000 P_0 \psi$。此式即为单个主动轮对的黏着（不打滑）条件。整个电机车的黏着条件为

$$F \leqslant 1000 P_n \psi \qquad (3-14)$$

式中：F 为电机车产生的全部牵引力；P_n 为机车作用在全部主动轮对上的电机车重力，即黏着力。

人们应当注意，黏着系数与静摩擦因数是有区别的。假若机车所有主动轴的车轮直径绝对相等，安装绝对精确，且磨损变形情况完全相同，这时黏着系数等于静摩擦因数。但实际上，上述各条件不可能完全实现，所以黏着系数要比静摩擦因数小。影响电机车黏着系数的因素很多，如轮箍与轨道材料、轨道接触面状况、行车速度等。实际测得的黏着系数 ψ 值列于表 3-1 中。

表 3-1　电机车黏着系数 ψ 值

工作状态	ψ 值	
	井下	地面
启动	0.24	0.24
制动	0.17	0.17
制动	0.09	0.12
运行	0.17	0.17
运行	0.12	0.12

电机车的黏着重力是指作用于主动轮上的那部分机车重力。对于各轮轴都是主动轴的矿用电机车，如 ZK-7/10 型电机车，黏着重力就等于电机车的全重。

三、电机车的制动力

制动是列车运行的一种特殊状态，它会使运动着的列车达到减速或停车的目的。矿用电机车有机械制动和电气制动两种方法。在此，我们专门来研究采用机械闸制动时的制动力产生过程。为了保证列车运行安全，《煤矿安全规程》规定：列车制动距离，运送物料时不超过 40 m；运送人员时不得超过 20 m。人们在确定矿车数及控制列车运行速度时，均要严格遵守上述规定。

为了达到迅速停车或减速的目的，在轮箍上会人为增加制动力 F，这是由闸瓦加在车轮上的正压力 N_1 所产生的，如图 3-11 所示。在 F_0 的作用下，车轮受到一个反方向的转矩，这时车轮轮缘同轨道接触点处会出现沿轨道滑动的趋势。然而，轨面对轮缘也同时会产生阻止滑动的摩擦阻力，这个阻力的最大值等于黏着力 T_k。制动状态下的 T_k 与机车运动方向相反。在制动力 F_0 和静阻力 W_j 的作用下，车轮及整台列车将减速或停车。

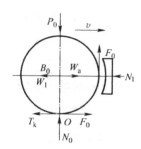

图 3-11　制动时机车主动轮对受力图

对单个轮对，制动力 F_0 的值为

$$F_0 = N_1 \varphi \qquad (3\text{-}15)$$

式中：φ 为闸瓦与轮箍间的摩擦因数，一般 φ 在 0.15 ～ 0.2 范围内取值；N_1 为闸瓦加在轮箍上的正压力。

同牵引力一样，为了保证列车正常运行，制动力 F_0 也受黏着条件的限制。对单个轮对，制动力 F_0 与黏着力 T_k 应满足如下关系。

$$F_0 < T_k \qquad (3\text{-}16)$$

把上述关系扩大到整台电机车上，即得机车所能给出的制动力。

$$F = N\varphi \leqslant 100\psi P_{zd} \qquad (3\text{-}17)$$

式中：F 为机车制动力；N 为机车各闸瓦上的总压力；P_{zd} 为机车的制动重力，若机车各主动轮上都有闸瓦，则其制动重力等于机车的黏着重力。

在制动时，不能突然一下子把车轮闸死，否则在惯性力作用下；车轮势必沿钢轨向前滑动。这样不但会造成轮箍与钢轨磨损加重，而且会大大降低制动效果。为此，据式（3-17）给出的机车制动力的黏着条件知，闸瓦总压力的极限值为

$$N_{\max} = 1000 \times \frac{\psi}{\varphi} P_{zd} = 1000 \delta P_{zd} \qquad (3\text{-}18)$$

式中：$N_{\max}$ 为闸瓦极限总压力；$\delta = \dfrac{\psi}{\varphi}$ 为闸瓦系数，对于 8t 以上的电机车 δ=0.8，对于 8 t 以下的电机车 δ=0.7。

综上所述，为了保证电机车正常运行，其牵引力和制动力都必须小于黏着力。这是进行电机车运输计算时工作人员应考虑的重要原则。

第五节　电机车的操作与维护

电机车在运行中必须按规程正确操作和使用，并且要加强日常维护和维修工作，使其处于良好的工作状态。

一、电机车的操作规程

①控制器的主轴手柄由某一位置转至另一位置时，动作应迅速果断，不要停滞于两位置之间，以免电流烧损触头。

②发现车轮打滑时应立即把主轴手柄扳到零位，再逐渐转动手柄至正常运转位置。不允许为预防车轮打滑，在主轴手柄未转到零位前就施闸制动，以防电动机过度超载而烧坏。

③降下受电弓后必须迅速将控制器主轴手柄转到零位。

④启动和停车时要特别注意操作，不应以逆电流使电动机反转来停车。

二、电机车在运行中的注意事项

①检查轴承箱，查看牵引电动机轴承与车轴连接处发热情况；检查电缆接头处是否完好。

②用车辆运送人员时，每班发车前都应检查各车的连接装置、轮轴和车闸等；运输人员时，严禁同时运送有爆炸性的、易燃性或腐蚀性的物品。

③在运送人员时，为确保安全，列车运行速度不得超过 4 m/s。

三、电机车主要部件的维护

（一）轴承与轴承箱

轴承与轴承箱应定期注入润滑油，保持润滑良好。轴承箱如在运转中过热，应检查车轮轮毂与轴承座之间的间隙是否过小，其间隙应不小于 2 mm。轴承内外圈及滚珠表面有无磨损或疲劳现象，出现微小局部麻点时，应及时更换新轴承。

（二）轮对

电机车轮对负担很重，磨损快，是机车的易损部件。每天检查机车时，工作人员需敲击轮箍以判断其完整性及对轮心的箍紧程度。轮箍表面若出现大于 3 mm 深的缺陷或不均匀磨损度大于 5 mm 时，需在车床上车光轮对外圈，并保证主动轮的轮缘尺寸相等，且符合技术要求；轮箍磨损至 25 mm 厚时，必须更换新的。为了避免磨损，应防止机车运动中车轮打滑。

（三）弹簧托架

对弹簧钢板应定期注油润滑，保持清洁。簧片有裂纹或断裂时应及时更换，否则会影响整车运行。

（四）齿轮传动装置

齿轮传动装置应选用合适的润滑油，定期检查润滑油的油质，及时更换变质的润滑油。定期检查减速箱的密封情况，防止润滑油流失导致齿轮磨损加剧。

（五）牵引电动机

经常清理电动机外壳上的污垢，保持其散热良好。定期检查整流子表面的磨损情况，及时修整。定期检查电刷的磨损情况，及时进行调整，保持电刷与整流子接触良好。

（六）控制器

应经常检查控制器机械闭锁的可靠性及各触头铜片是否接触良好，各形状闭合、断开是否灵活可靠，如触头被烧蚀，应立即打磨光洁，烧蚀严重者应立即更换。

四、电机车的常见故障分析与处理

电机车的常见故障、原因及处理方法见表3-2。

表3-2　电机车的常见故障、原因及处理方法

常见故障	产生原因	处理方法
（一）电机车		
1.电机车牵引力太小	（1）主动轮对轮缘表面有油污； （2）轨道表面有水或污物； （3）双电动机只有一台工作	（1）清理油污； （2）清理水或污物； （3）维修控制器或电动机接线
2.电机车牵引速度低	（1）供电线路电压偏低； （2）列车的矿车数偏多； （3）晶闸管脉冲调速装置电器组件损坏	（1）升高线路电压达到额定值； （2）减少矿车数； （3）检修并更换损坏的电器组件
3.电机车运行冲击力大	（1）启动过程操作不当； （2）弹簧托架的钢板折断； （3）车轮轮箍磨损严重并变形； （4）轨道变形	（1）按规程操作； （2）更换弹簧钢板； （3）更换轮对或轮箍； （4）维修轨道

常见故障	产生原因	处理方法
（二）电动机		
1. 电动机不能正常启动	（1）电枢绕组接线因焊接不良或碳刷压力过大而开路； （2）整流子火花太大，温升过高而开焊； （3）换向器的焊点断开； （4）碳刷过度磨损，压力不足； （5）受电弓损坏或与架空线接触不良； （6）晶闸管脉冲调速装置电器组件损坏； （7）供电线路电压低于规定值	（1）检查碳刷压力，维修线路； （2）维修整流子和线路； （3）维修焊接接点； （4）更换碳刷； （5）维修或更换受电弓； （6）维修、更换损坏的电器组件； （7）升高线路电压达到额定值
2. 电动机过热	（1）牵引的矿车数太多； （2）电机车频繁启动； （3）电动机轴承润滑油过多； （4）电枢绕组短路	（1）减少矿车数； （2）避免短时间内多次启动； （3）减少轴承润滑油油量； （4）维修电枢绕组
3. 电动机声音异常	（1）轴承过度磨损或损坏； （2）轴承润滑油不足或不洁； （3）碳刷压力过大； （4）固定磁极的螺钉松动	（1）更换轴承； （2）补充或更换润滑油； （3）调整碳刷压力； （4）拧紧松动的螺钉
4. 电动机轴承过热	（1）轴承损坏； （2）润滑油不足或不洁	（1）更换轴承； （2）补充或更换润滑油
（三）轴承箱和齿轮箱		
1. 轴承箱过热	（1）轴承箱与车轮轮毂的间隙过小； （2）箱内的润滑油使用时间太长或不洁； （3）轴承损坏或轴承内外圈及滚柱表面有损伤	（1）适当增大二者的间隙； （2）更换润滑油； （3）更换轴承
2. 齿轮箱有异常噪声	（1）齿轮磨损严重或箱内有异物； （2）润滑油量不足或不洁； （3）操作不当，产生冲击	（1）检查、更换齿轮，排除异物； （2）补充或更换润滑油； （3）按规程操作
（四）撒砂装置		
撒砂不灵活	（1）砂子的粒度偏大； （2）砂子太潮湿或砂箱进水； （3）操纵杆操作不灵活	（1）选用符合要求的砂子； （2）选用干砂并防止砂箱进水； （3）调整操纵杆

第四章 矿井提升设备

第一节 概 述

一、矿井提升设备的任务和特点

矿井提升设备的任务是沿井筒提升煤炭（或矿石）和矸石、运送材料、升降人员和设备等，它是矿山大型固定设备之一，是矿山井下生产系统和地面工业广场相连接的枢纽、矿山运输的咽喉。因此，矿井提升设备在整个矿山生产中占有极其重要的地位。

矿井提升设备的特点如下。

①安全性。安全性是指矿井提升设备不能发生突然事故的特性。由于矿井提升设备运转的安全性，不仅直接影响整个矿井的生产，而且还涉及人员的生命安全，因此《煤矿安全规程》对矿井提升设备的安全性提出了极严格的要求。

②可靠性。可靠性是指矿井提升设备能够可靠地连续长期运转而不需要在短期内检修的特性。矿井提升设备是周期动作式输送设备，工作任务艰巨，需要频繁启动与停机，故其机械设备必须可靠，并且要求其能够可靠且长期地运转而不需在短期内大修。

③经济性。矿井提升设备是一台大型综合机械—电气设备，其成本和耗电量都很高，故要求其具有很好的经济性。

二、矿井提升系统

（一）矿井提升系统的组成

矿井提升系统主要由提升容器、提升钢丝绳、提升机、井架（塔）和天轮、装卸载设备及附属装置等矿井提升设备组成。

（二）矿井提升系统的分类

根据提升设备的组成、用途和井筒工作条件，矿井提升系统可分为以下几种类型。

①按用途分为以下两种。

a. 主井提升设备：专供提升煤炭（或矿石）。

b. 副井提升设备：提升矸石、下放材料、升降人员和设备等。

②按提升容器分为以下四种。

a. 箕斗提升设备：用于主井提升。

b. 罐笼提升设备：用于副井提升，对于小型矿井，其也可用于主井提升。

c. 矿车提升设备：用于斜井提升。

d. 吊筒提升设备：用于立井井筒开凿时的提升。

③按提升机类型分为缠绕式提升设备和摩擦式提升设备。

④按井筒倾角分为立井提升设备和斜井提升设备。

⑤按拖动装置分为交流拖动提升设备、直流拖动提升设备和液压传动提升设备。

（三）常用矿井提升系统

常用矿井提升系统主要有两大类：一类是用以提升煤炭（或矿石）的主井箕斗提升系统；另一类是完成其他辅助任务的副井罐笼提升系统。

1. 立井单绳缠绕式提升机箕斗提升系统

图 4-1 所示为立井单绳缠绕式提升机箕斗提升系统示意图。井下采出的煤炭由矿车运到井底车场的翻笼硐室，经翻车机 8 把煤卸入煤仓 9 内，再通过装载设备装入位于井底的箕斗 4，同时位于井口的另一个箕斗把煤卸入井口煤仓，上、下两个箕斗分别与两根钢丝绳连接，两根钢丝绳绕过井架 3 上的天轮 2 以后，以相反的方向缠于提升机的卷筒上，当提升机 1 运转时，钢丝绳就上下往返提升重箕斗和下放空箕斗，完成提升煤炭的任务。

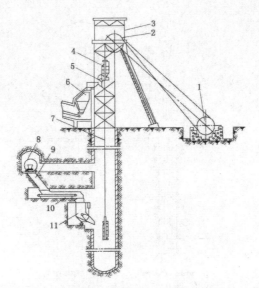

图 4-1　立井单绳缠绕式提升机箕斗提升系统示意图

1—提升机；2—天轮；3—井架；4—箕斗；5—卸载曲轨；6—地面煤仓；7—钢丝绳；8—翻车机；9—煤仓；

10—给煤机；11—定量斗箱

2. 立井多绳摩擦式提升机罐笼提升系统

立井多绳摩擦式提升机罐笼提升系统如图 4-2 所示。主导轮 1（摩擦轮）安装在提升井塔上，提升钢丝绳 5（4 根或 6 根）等距离地搭放在摩擦轮上，钢丝绳两端分别与罐笼 4 相连，平衡尾绳 6 的两端分别与容器的底部相连后自由地悬挂在井筒中。当电动机通过减速器（也有电机直连方式）带动摩擦轮转动时借助在摩擦轮上的衬垫和钢丝绳之间的摩擦力传递动力，完成提升或下放任务。导向轮 2 主要用于缩小提升容器中心距，同时也增大了钢丝绳在主导轮上的围包角。

多绳摩擦式提升系统有井塔式和落地式两种布置方式。井塔式是把提升机安装在井塔上，其优点是布置紧凑，节省工业广场占地，没有天轮，钢丝绳不在露天中，改善了钢丝绳的工作条件。但该方式需要建造井塔，因而费用较高。井塔式摩擦提升机又可分为有导向轮和无导向轮两种。有导向轮与无导向轮相比，其优点是两提升容器的中心距不受摩擦轮直径限制，不仅可减小井筒断面，而且可以加大钢丝绳在摩擦轮上的围包角，增加其提升能力。其缺点是钢丝绳会产生反向弯曲，影响使用寿命。落地式是将提升机安装在地面上的布置方式，其优点是井架建造费用低，减少了矿井的初期投资，并可提高提升系统抗地震灾害的能力。过去矿上多采用井塔式，近年来逐渐开始采用落地式。

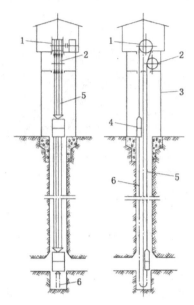

图 4-2 立式多绳摩擦罐笼提升系统示意图

1—主导轮；2—导向轮；3—井塔；4—罐笼；5—提升钢丝绳；6—平衡尾绳

多绳摩擦式提升机与单绳缠绕式提升机相比，其主要优点如下。

①提升高度不受滚筒宽度限制，适用于深井提升。

②由于多根钢丝绳共同承受终端载荷，钢丝绳直径变小，故摩擦轮直径显著减小。

③在相同提升速度下，可以使用转速较高的电动机和较小传动比的减速器。

④采用偶数根钢丝绳，且左、右各一半，消除了提升容器在提升过程中的扭转，减小了罐耳和罐道间的摩擦。

⑤钢丝绳搭放在摩擦轮上，减少了钢丝绳的弯曲次数，改善了钢丝绳的工作条件，可以提高钢丝绳的使用寿命。

⑥多根钢丝绳同时被拉断的可能性极小，提高了安全性。因此，多绳提升罐笼可以不设防坠器。

其主要缺点如下。

①多根钢丝绳的悬挂、更换、调整、维护检修工作复杂，而且当一根钢丝绳损坏时，需要更换所有钢丝绳。

②绳长不能调节，不适合水平提升，也不适用于凿井。

由于多绳摩擦式提升机具有一系列明显优点，目前其在国内外已经得到了广泛应用。

3. 斜井提升系统

斜井提升系统有斜井箕斗提升系统和斜井串车提升系统两种。

图 4-3 所示为斜井串车提升系统。两根钢丝绳 2 的一端与若干个矿车组成的串车组相连，另一端绕过井架 4 上的天轮 3，缠绕并固定在提升机的滚筒上。通过井底车场、井口车场的一些装、卸载辅助工作，滚筒旋转即可带动串车组在井筒中往复运行，进行提升工作。

在倾斜角度大于 25° 的斜井，使用矿车提升煤炭易洒煤，其主井宜采用箕斗提升。斜井箕斗多用后卸式的。

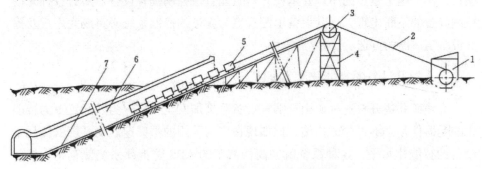

图 4-3　斜井串车提升系统示意图

1—提升机；2—钢丝绳；3—天轮；4—井架；5—矿车；6—井筒；7—轨道

与斜井箕斗提升相比较，串车提升系统不需要复杂的装、卸载设备，具有投资少、投产快的优点，是中小型斜井常用的一种提升系统。

第二节　矿井提升设备的发展趋势

一、提升设备的大型化势在必行

随着地下矿山开采规模扩大及开采工艺变更，矿井中将大量使用综采设备及一些联合机组。这些设备越来越趋向于在地面组装后整体下井，设备大修及部件更换也必须升到地面在机修厂进行。这就要求提升设备的单次提升能力有数十吨以上，提升高度或斜坡牵引长度要有上千米。这两个指标均要求矿山必须使用规格较大、性能先进可靠的提升机。因此，卷筒直径 4 m 及以上的单绳缠绕式和卷筒直径 4.5 m 及以上的多绳摩擦式提升机将组成数量可观的设备群。

二、提升设备的现代化水平不断提高

在提升设备不断大型化的同时，设备的现代化色彩也越来越浓重。以往产品"大、笨、粗"的状态已不能适应现代用户的要求。目前各类矿山的提升机房已经成为矿山设备系统监控的重点，总调度室要求实时掌握其运行参数及工作效率。提升机应配备先进的通信系统接口，使操纵人员能收发各环节传递的信息，并具有各类信息的存储功能。目前，国内外矿井提升机的系统配置越来越精湛，PLC可编程控制、工业电视和电脑实时监控等功能已成为设备的必选项目，甚至越来越多的用户要求在井口就能直接控制提升设备。随着各种先进控制设备的不断出现，提升设备上配置更为先进的控制系统必将成为用户及提升设备制造商的首选。

三、提升设备的智能化潜力无限

为使矿井提升机这种矿山"咽喉设备"更加安全可靠，为其配置更为智能化的元器件是必不可少的措施，比如现在广为采用的恒减速制动系统就体现了设备的智能化水平，这种系统就如高档汽车的 ABS 防抱死系统使车轮一样，能使提升机在任何负载工况下，始终按设定的恒定减速停车。这样既能确保提升机在事故状态下安全制动，又能最大限度使其免受事故外力的损害。在提升机上使用PLC可编程控制器不仅能为设备提供安全可靠的控制功能，还可为其提供多个环节的自动转换功能，并且PLC可编程控制器还具备极强的记忆功能，能快速记忆每一次事故全过程，使人们可从中快速查找出设备的故障点，为设备的智能化控制和及时维修提供了方便条件及技术导向。

第三节　矿井提升容器

提升容器是直接装运煤炭、矿石、矸石、人员、材料及设备的工具，主要有箕斗、罐笼、矿车、斜井人车和吊桶五种。

矿车与斜井人车主要用于斜井。吊桶是立井凿井时使用的提升容器。箕斗和罐笼在矿井中应用最多，本节主要介绍这两种提升容器。

（一）箕斗及其装载装置

1. 箕斗

箕斗是提升煤炭及矸石的提升容器。根据卸载方式其分为翻转式、侧卸式及底卸式。根据提升钢丝绳数目其可分为单绳和多绳箕斗。

箕斗应具备结构轻、强度高、装卸快、运行可靠、容易布置的特性。

箕斗一般由三部分组成，即斗箱框架、悬挂装置和卸载闸门。斗箱框架由两根直立的槽钢和横向角钢组成，四侧用钢板焊接，其外面用角钢或钢筋加固，框架上面有钢板制成的平台，用以防止淋帮水落入斗箱和便于检查井筒。悬挂装置是钢丝绳与箕斗连接的装置，它与罐耳均固定于框架上。卸载闸门以扇形、下开折页平板闸门及插板闸门最为多见。

图 4-4 所示为单绳立井箕斗。其采用曲轨连杆下开折页平板闸门的结构形式。其卸载原理为，当箕斗提升至地面煤仓时，井架上的卸载曲轨使连杆 6 转动轴上的滚轮 7，使其沿箕斗框架上的曲轨运动。滚轮 7 通过连杆的锁角为 0 的位置后，闸门 5 就借助煤的压力打开，然后开始卸载。关闭闸门与上述顺序相反。

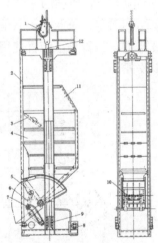

图 4-4 单绳立井箕斗

1—楔形绳卡；2—框架；3—可调节溜煤板；4—斗箱；5—闸门；6—连杆；7—卸载滚轮；

8—套管罐耳（用于绳罐道）；9—钢轨罐道罐耳；10—扭转弹簧；11—罩子；12—连接装置

这种闸门的优点是：①结构简单、严密，闸门向上关闭冲击小，卸煤时洒煤少；②由于闸门是向上关闭的，对箕斗存煤有向上捞回的趋势，故当煤没有卸完（煤仓已满）时产生卡箕斗而造成断绳坠落的可能性小；③箕斗闸门开启主要借助煤的压力，因而卸载时传递到卸载曲轨上的力较小，改善了井架的受力状态。

该闸门的缺点是闸门在井筒中有开启的可能性，因此有些矿井使用了插板式和带圆板闸门的底卸式箕斗。

国内设计的最大吨位箕斗是 32 t。国外普遍使用大容量箕斗，其一般有效载荷在 30 t 以上，最大达 50 t。箕斗闸门形式多为底卸式扇形闸门外动力开启式。斗箱结构基本有两种：一种是由外层面板和内层衬板组成的；另一种是整个斗箱使用耐磨合金钢或不锈钢制成，无衬板，质量可减轻 10% ～ 15%。

2. 箕斗装载装置

箕斗装载装置是指从井下煤仓向箕斗装煤的中间储装与计量装置。对装载装置的要求是定量、定时、准确和快速地装载，其体积要小，能适应井下煤尘、水分较大的特点。目前，立井箕斗装载装置主要有两种类型。

（1）箱式箕斗装载装置

箱式箕斗装载装置如图 4-5 所示。它由斗箱 1、溜槽 5、闸门 4、控制缸 2 和压磁测重装置 6 等组成，并利用压磁测重装置 6 来控制斗箱 1 的装煤量。当箕斗到达装载位置时，开动控制缸 2，将闸门 4 打开，这时斗箱 1 中的煤便沿溜槽 5 装入箕斗。这种装置结构简单，装载不用其他机械，在我国已定为标准装载设备，但由于工作条件恶劣，压磁测重装置使用效果不好，很难准确定量装载，因此其还有待进一步改进。

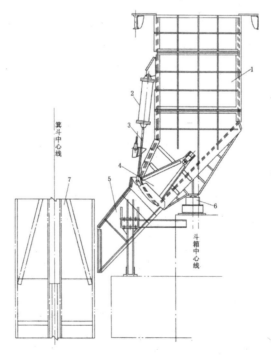

图 4-5　箱式箕斗装载装置

1—斗箱；2—控制缸；3—拉杆；4—闸门；5—溜槽；6—压磁测重装置；7—箕斗

（2）输送机式箕斗装载装置

输送机式箕斗装载装置如图4-6所示。定量输送机2安放在负荷传感器6上，输送机先用0.15～0.3 m/s的速度装煤，当煤量达到规定值时，由负荷传感器发出信号，相关机构控制煤仓闸门7关闭，输送机停止运行，待箕斗达到装载位置时，输送机以0.9～1.2 m/s的速度将煤快速装入箕斗。

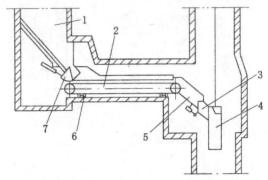

图4-6 输送机式箕斗装载装置示意图

1—煤仓；2—定量输送机；3—活动过渡溜槽；4—箕斗；5—中间溜槽；6—负荷传感器；7—煤仓闸门

这种装置的优点：①不需要开凿较大的硐室；②减少了煤的倒装次数，因而可以减少煤的破碎率；③向箕斗装载均匀，减小了提升钢丝绳的冲击载荷；④装载时间不受煤质变化的影响，有利于实现提升自动化。

斜井箕斗采用下开扇形闸门装载装置。闸门打开有两种控制方式，即手动和箕斗控制。斜井箕斗目前还不能实现定量装载，有待改进。

（二）罐笼及其承接装置

1. 罐笼

罐笼为多用途的提升容器。它既可以提升煤炭和矸石，也可以升降人员、运送材料和设备。罐笼主要用于副井提升，也可用于小型矿的主井提升。

罐笼按提升钢丝绳的数目可分为单绳罐笼和多绳罐笼；按层数可分为单层罐笼、双层罐笼和多层罐笼；按其所装矿车的名义装载量可分为1 t、1.5 t和3 t罐笼。

罐笼的设计应使其结构坚固，重量轻，并能运送井下的大型设备，其一般采用普通钢材制作。为减轻罐笼自重，也有采用铝合金和高强度钢材制作罐笼的。

图4-7所示为单绳1 t普通标准罐笼结构简图，其主要由以下几部分组成。

①罐体。罐体由骨架（横梁7和立柱8）、侧板、罐顶、罐底及轨道等组成，

罐笼顶部设有半圆弧形的淋水棚 6 和可以打开的罐盖 14，以便在运送长材料时用。罐笼两端设有帘式罐门 10，以保证提升人员时的安全。

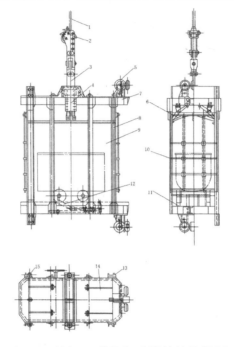

图 4-7 单绳 1t 普通标准罐笼结构简图

1—提升钢丝绳；2—双面夹紧楔形绳环；3—主拉杆；4—防坠器；5—橡胶滚轮罐耳（用于刚性组合罐道）；

6—淋水棚；7—横梁；8—立柱；9—钢板；10—罐门；11—轨道；

12—阻车器；13—稳罐罐耳；14—罐盖；15—套管罐耳（用于绳罐道）

②连接装置。连接装置是连接提升钢丝绳和提升容器的装置，包括主拉杆、夹板、楔形环等。《煤矿安全规程》对其做了详细规定。

③罐耳。其与罐道配合可以使提升容器在井筒中运行稳定，防止发生扭转或摆动。

④阻车器。其主要作用是防止提升过程中矿车跑出罐笼。

⑤防坠器。《煤矿安全规程》规定，升降人员或升降人员和物料的单绳提升罐笼（包括带乘人间的箕斗）必须装设可靠的防坠器。当提升钢丝绳或连接装置万一断裂时，防坠器可以使罐笼平稳支撑在井筒中的罐道或特设的制动绳上，以免罐笼坠入井底。

多绳罐笼结构与单绳罐笼稍有不同，它不设防坠器，其使用的专用悬挂装置可与数根提升钢丝绳连接并可进行钢丝绳张力调整。除此之外，多绳罐笼底部还设有尾绳悬挂装置。

2. 罐笼承接装置

为了便于矿车进出罐笼，必须使用罐笼承接装置。罐笼承接装置主要有罐座、承接梁、摇台和支罐机四种。

①罐座。罐座是利用可伸缩的托爪托住罐笼的装置，以使矿车能平稳进出。罐笼运行时罐座必须收回。使用罐座操作复杂，易发生蹾罐事故。另外，由于运行时钢丝绳时松时紧易产生疲劳破坏，因此目前新设计的矿井已不再使用罐座。《煤矿安全规程》规定升降人员时严禁使用罐座。

②承接梁。承接梁由一些木梁组成，是最简单的承接装置，用于防止由于操作不当而发生的蹾罐事故。

③摇台。摇台目前被广泛采用。如图 4-8 所示，它由能绕轴转动的两个摇臂组成。其操作过程是，当罐笼进出台时，气缸供气使滑台后退，作用在摇臂上的外动力与摇臂脱开，摇臂靠自重搭接在罐笼上进行承接工作。罐笼进出车完毕后气缸反向供气推动滑台前进，滚轮抬起，带动摆杆转一角度，这时摇臂抬起相应角度。其特点是动作快，操作时间短；缺点是要求停罐位置准确。摇台适应于井口、井底及各中间水平。

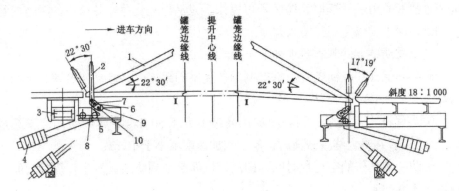

图 4-8 摇台

1—摇臂；2—手把；3—气缸；4—配重；5—轴；6—摆杆；7—销子；8—滑车；9—摆杆套；10—滚轮

④支罐机。支罐机是近年出现的新型承接装置，如图 4-9 所示。支罐机由液压缸 1 带动支托装置 2，支托装置承接罐笼的活动底盘使其上升或下降，以补偿提升钢丝绳长度的变化和停罐的误差。支罐机调节距离可达 1000 mm。

支罐机的优点是能准确地使罐笼内轨道与车场固定轨道对接，进出矿车和人员方便；由于活动底盘托在支罐机上，因此矿车进出平稳，提升钢丝绳不承担进出矿车时产生的附加载荷；车场布置紧凑。其缺点是罐笼有活动底盘，使其结构复杂，还需增设液压动力装置。

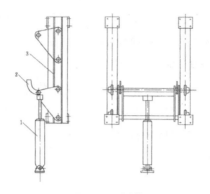

图 4-9　支罐机

1—液压缸；2—支托装置；3—固定导轨

（三）提升容器的附属装置

1. 防坠器

①防坠器的作用。《煤矿安全规程》规定，升降人员或升降人员和物料的单绳提升罐笼（包括带乘人间的箕斗），必须装设可靠的防坠器。当提升钢丝绳或连接装置万一断裂时，防坠器可以使罐笼平稳地支撑在井筒中的罐道或特设的制动绳上，以免罐笼坠入井底。

②立井防坠器的基本要求如下所示。

a. 必须保证在任何条件下都能制动住下坠的罐笼，并且动作迅速、平稳、可靠。

b. 为保证人身安全，制动减加速度应不大于 50 m/s^2，延续时间应不超过 0.2～0.5 s；在最大终端载荷时，制动减加速度不小于 10 m/s^2。

c. 防坠器动作的空行程时间，即从钢丝绳断裂到防坠器发生作用的时间，应不大于 0.25 s。

d. 结构简单、可靠。

e. 各个连接和传动部分动作灵活，不能产生误动作。

f. 新安装或大修后的防坠器必须进行脱钩试验，经试验合格后方可使用。

③防坠器的结构和类型。防坠器一般由开动机构、传动机构、抓捕机构和缓冲机构四部分组成。当发生坠罐的时候，开动机构动作，该动作通过传动机构传递到抓捕机构，抓捕机构将罐笼支承在井筒的支承物上，罐笼下坠的动能由缓冲器来吸收。一般开动机构和传动机构连在一起，由断绳时自动开启的弹簧和杠杆系统组成。抓捕机构和缓冲机构有的是联合工作，有的是设有独立的缓冲机构。

根据防坠器的使用条件和工作原理，防坠器可分为木罐道防坠器、钢轨罐道摩擦式防坠器和制动绳摩擦式防坠器。木罐道防坠器只能用于采用木罐道的提升系统，钢轨罐道防坠器只能用于采用钢轨罐道的提升系统。罐道既是罐笼运行的导向装置，又是防坠器抓捕罐笼的支承物。制动绳防坠器需专设制动绳作为支承物，它可用于任何罐道的提升系统。罐道绳不能用作防坠器支承，应另设制动绳。实践证明，制动绳防坠器性能较好。

④BF 型制动绳防坠器。BF 型制动绳防坠器属标准防坠器，它采用楔形滚动摩擦式抓捕机构，动作灵活，复位容易，其系统布置如图 4-10 所示。制动绳 7 的上端通过连接器 6 与缓冲绳 4 相连，缓冲绳通过装在天轮平台上的缓冲器 5 后，绕过圆木 3，自由地悬垂于井架的一边，绳端用合金浇铸成锥形杯 1，以防止缓冲绳从缓冲器中拔出，制动绳的另一端穿过防坠器的抓捕机构 8 垂到井底，用拉紧装置 10 固定。

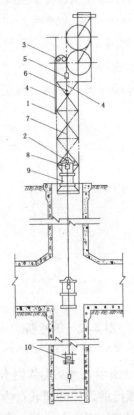

图 4-10 BF 型防坠器布置图

1—锥形杯；2—导向套；3—圆木；4—缓冲绳；5—缓冲器；·6—连接器；

7—制动绳；8—抓捕机构；9—罐笼；10—拉紧装置

BF 系列防坠器的开动机构、传动机构及抓捕机构如图 4-11 所示。正常提升时，钢丝绳拉起主拉杆 3，通过横梁 4、连板 5 使两个拨杆 6 处于最低位置，此时弹簧 1 受拉。发生断绳时主拉杆下降，在弹簧 1 的作用下，拨杆 6 端部抬起，使抓捕器滑楔与制动绳接触，实现定点抓捕。

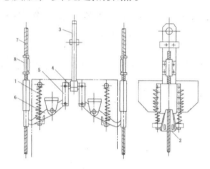

图 4-11　防坠器的开动机构、传动机构及抓捕机构简图

1—弹簧；2—滑楔；3—主拉杆；4—横梁；5—连板；6—拨杆；7—制动绳；8—导向套

BF 系列防坠器的缓冲器如图 4-12 所示。缓冲绳从缓冲器中穿过而被弯曲，绳弯曲的程度可通过螺杆 1 和螺母 2 来调节。发生断绳时，下坠的罐笼抓住制动绳，从而拉动缓冲绳使之从缓冲器中拔出，靠缓冲绳的弯曲变形和摩擦阻力吸收罐笼的能量使之停止。

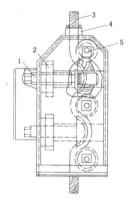

图 4-12　缓冲器

1—螺杆；2—螺母；3—缓冲绳；4—小轴；5—滑块

制动绳拉紧装置如图 4-13 所示。制动绳靠绳卡 5、角钢 6 和可断螺栓 7 固定在井底的固定梁上。可断螺栓的设计断裂载荷为 15 kN，其作用是当抓捕器动作后，制动绳的振动波将把可断螺栓 7 拉断，罐笼将随制动绳一起振动，避免二次抓捕。张紧螺栓 2 是为张紧制动绳准备的，每根制动绳的张紧力为 10 kN 左右。由于制动绳存在伸长现象，因此人们需要定期调整拉紧装置。

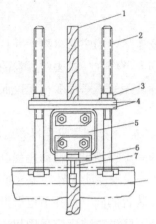

图 4-13 制动绳拉紧装置

1—制动绳；2—张紧螺栓；3—张紧螺母；4—压板；5—绳卡；6—角钢；7—可断螺栓；8—固定梁

2. 导向装置

导向装置也称罐道。罐道分为刚性罐道和钢丝绳罐道。刚性罐道有木罐道、钢轨罐道和组合钢罐道。刚性罐道固定在罐道梁上，罐道梁以型钢制作，间隔数米架设一根，其两端固定在井筒壁上。钢丝绳罐道是以钢丝绳作为提升容器的导向装置，其一端固定在井架上，另一端悬垂至井底并用重锤拉紧。

（1）刚性罐道

木罐道由矩形截面且具有一定长度的方木制成，其结构简单，但变形大、磨损快、易腐烂，加之材料来源紧张，目前新井已不采用。

钢轨罐道采用普通重型钢轨做成，侧向刚度小，使容器运行时会产生横向摆动，罐耳磨损较大，通常用于提升速度不大、提升量较小的场合。

组合罐道采用槽钢和钢板焊成，罐道的截面为空心矩形，也可用整体轧制的型钢做成，其优点是侧向抗弯和抗扭刚度大，与胶轮罐耳配合使用时运行阻力小，因而容器运行平稳、罐耳磨损小、寿命延长。这种罐道主要用于提升速度高、一次提升量大的场合。

（2）钢丝绳罐道

钢丝绳罐道与刚性罐道相比具有安装工作量小、建设时间短、维护简便、容器运行平稳的优点。因其无罐道梁，可适当减小井筒壁厚，通风阻力小。但绳罐道要求容器与井壁之间的间隙较大，使井筒净断面增加，且因罐道绳需一定的张紧力而使井架或井塔的荷重增加，井筒不直时不能采用绳罐道。大型矿井每个容器一般采用 4～6 根罐道绳，小型矿井可采用 2～3 根罐道绳。罐道绳上端用双楔块固紧式固定装置固定在井架上，下端用重锤拉紧。

3. 防过卷缓冲装置

提升容器过卷是提升设备运行的主要事故，并且其发生的频率很高，一些恶性事故常造成设备损坏和人员伤亡。过去防过卷的对策是"尽量避免过卷事故的发生"，实践证明这种认识是不全面的，无论保护系统如何完善都不能完全避免过卷事故发生。

防止过卷事故较好的对策：一是要尽量使过卷事故少发生；二是一旦发生，则尽量使事故损失最小，即除了提高设备自动化程度、组件可靠性，加强运行状态的监测监控手段外，还应设置性能优异的防过卷缓冲装置。

在井上设置防过卷缓冲装置的同时，井下也应设防过放装置（双容器提升过卷和过放同时发生）。井下防过放装置应采用超前不同步布置，这种布置能改善过卷侧受力状态，减少过卷冲击能量。

我国摩擦提升设备通常在井塔及井底设置楔形木罐道和防撞梁作为防过卷装置。楔形木侧面有 1 ∶ 100 的斜度，靠罐耳对罐道木的挤压和摩擦吸能。木质楔形罐道的优点是结构简单。楔形木集阻挡、吸能、捕捉于一身，但随着提升速度的提高和终端载荷的加大，其缺点日益突出。其缺点有，①比能耗小，采用的木材为吸能组件，强度低，靠木材挤压塑性变形所耗散的能量小；②缓冲力受材料的力学性能、罐耳表面状态、接触条件的影响，难于精确计算；③发生事故后的处理时间长，处理困难等。

近年来生产实际中也采用了其他类型的防过卷缓冲装置，如不拉伸尼龙绳式、摩擦滚筒式、柔性罐座及塑性应变能缓冲器等。

第四节　矿井提升钢丝绳

提升钢丝绳的用途是悬吊提升容器并传递动力，提升机通过钢丝绳带动容器沿井筒运动。因此，钢丝绳是矿山提升设备的一个重要组成部分，其规格尺寸决定了提升设备的规格尺寸，是需要经常更换的易耗品，并且其对矿井提升的安全和经济运转起着重要作用。

（一）钢丝绳结构

钢丝绳是由若干根钢丝按一定捻向绕股芯捻成股，再由若干股按一定捻向绕绳芯捻制而成的绳子。其结构如图 4-14 所示。

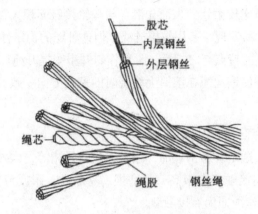

股芯
内层钢丝
外层钢丝
绳芯
绳股　钢丝绳

图 4-14　提升钢丝绳结构图

钢丝绳是由优质碳素结构钢丝制成的，一般直径为 0.4 ~ 4 mm，抗拉强度为 1370 ~ 1960 N/mm²。我国立井提升多采用 1520 N/mm² 和 1665 N/mm² 两种抗拉强度的钢丝绳，斜井提升采用 1370 N/mm² 和 1520 N/mm² 两种。为了增加钢丝绳的抗腐蚀能力，常在钢丝表面镀锌后再将其捻制成绳，称为镀锌绳；未镀锌的绳称为光面绳。按钢丝的韧性钢丝绳又可分为特号、Ⅰ号、Ⅱ号三种。提升物料选特号或Ⅰ号，提升人员必须选用特号韧性钢丝绳。

钢丝绳的绳芯有金属绳芯、石棉芯、合成纤维芯及有机芯四种。绳芯的作用：减少钢丝之间的挤压变形和接触应力；使钢丝绳富有弹性，提高其抗冲击能力，缓解弯曲应力；储存润滑油，防止内部锈蚀和减少丝间摩擦。

（二）钢丝绳分类

钢丝绳按其不同的特征有不同的分类方法。

1. **按钢丝绳绕制次数分**

①一次捻绳。由钢丝直接捻制成绳，没有绳股，多用作静止的拉索。

②二次捻绳。先由丝捻成股，再由股捻制成绳，多用作提升用绳。

③三次捻绳。由丝捻成股，由股捻成细绳，再由细绳捻成粗绳，多用于钢索桥梁。

2. **按捻向分**

①按由股捻成绳的捻向分：左螺旋方向捻制的叫左捻钢丝绳；右螺旋方向捻制的叫右捻钢丝绳。

②按捻法分：丝在股中的捻向与股在绳中的捻向相同的叫同向捻钢丝绳；两种捻向相反的叫交互捻钢丝绳。

同向捻钢丝绳比较柔软，表面光滑，与绳轮接触面积大，弯曲应力小，使用寿命较长，断丝易发现，多用作提升绳。但这种绳的稳定性差，易打结。

交互捻钢丝绳的特点与之相反，常用作斜井串车提升绳。

选用捻向时应使钢丝绳在滚筒上缠绕时的螺旋方向一致，以使缠绕时的钢丝绳不会松劲。

3. 按股中钢丝接触情况分

①点接触式。这是普通钢丝绳，股内钢丝直径相等，内外各层钢丝之间呈点接触状态，丝间接触应力很高、易磨损、易断丝、耐疲劳性能差。6×19、6×37 普通圆股钢丝绳即为点接触型。

②线接触式。这种接触形式的钢丝多用不同直径的钢丝捻制，在各层间钢丝呈平行状态且为线接触。这种绳无二次弯曲现象，绳结构紧密，金属断面利用系数高，使用寿命长。6×7、$6 \times（19）$、瓦林吞绳等均为线接触型。

③面接触式。线接触式的绳股经特殊挤压加工，使钢丝产生塑性变形而呈面接触状态，然后捻制成绳。这种绳结构紧密、表面光滑、与绳轮接触面积大、耐磨损、抗挤压；股内钢丝接触应力小、抗疲劳、寿命长；钢丝绳金属断面系数大，同样绳径下有较大强度；钢丝绳伸长变形小，但柔软性能差。

4. 按绳股断面形状分

①圆股。这种绳易制造，价格低，矿井提升应用最多。

②异形股。绳股断面为三角形或椭圆形，强度比圆股绳高，承压面积大、外层钢丝磨损小、抗挤压、寿命长。

5. 特种钢丝绳

①多层股不旋转钢丝绳。这种钢丝绳具有二层或三层股，各层绳股在绳中以相反方向捻制，因而绳的旋转性小，多用作尾绳和凿井提升绳。

②密封钢丝绳。这种绳在中心钢丝周围呈螺旋状缠绕着一层或多层圆钢丝，其外面由一层或数层异形钢丝捻制而成，多用作罐道绳。

③扁钢丝绳。其断面形状为扁矩形，手工编织。这种绳柔软、运行平稳，多用作尾绳，但制造复杂、生产效率低、价格高。

各种钢丝绳断面如图 4-15 所示。

（a）6×7（线接触）　　（b）6×9（点接触）　　（c）6×10（西鲁型，线接触）

（d）6×（19）（金属绳芯，西鲁型，线接触）（e）6W（36）（金属绳芯，瓦林吞型，线接触）

（f）6W（26）（瓦林吞型，线接触）　　（g）6T（25）（填丝型，线接触）

（h）6△（25）（金属绳芯，三角股绳）　　（i）6W（26）（瓦林吞型，面接触）

（j）17×26（金属绳芯，多层股，面接触）　　　（k）金属封绳

（l）半密封绳　　　（m）17×7（多层股绳，瓦林吞型，线接触）

（n）12×6+3×12（多层股，内椭圆股）　　（o）6×24（纤维股芯，船舶用）

图 4-15　提升钢丝绳断面图

（三）钢丝绳的标注方法

钢丝绳的标注方法如图 4-16 所示。

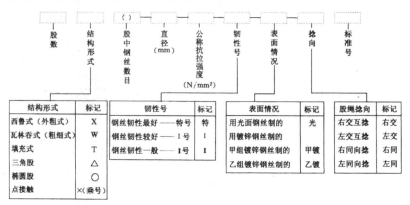

图 **4-16** 钢丝绳的标注方法

第五节　矿井提升设备的制动系统

制动系统是提升机的重要组成部分，直接关系到提升设备的运行安全。制动系统由执行机构（制动器，通常称闸）和传动机构组成。制动器是直接作用于制动轮（或制动盘）上产生制动力矩的机构。制动器按其结构可分为盘闸和块闸，块闸又分为角移式和平移式。传动机构是控制并调节制动力矩的部分，按动力源分为液压、气压和弹簧等类型。KJ 型（2～3 m）、KJ 型（4～6 m）提升机分别采用油压和气压块闸制动系统，JK 系列提升机及多绳摩擦式提升机采用液压盘闸制动系统。

一、制动系统的作用

①正常工作制动，即在减速阶段参与提升机的速度控制。

②正常停车制动，即在提升终了或停车时闸住提升机。

③安全制动，即当提升机工作不正常或发生紧急事故时，迅速而及时地闸住提升机。

④调绳制动，即双卷筒提升机在调绳或更换水平时闸住活卷筒，松开死卷筒。

二、对制动系统的要求

制动系统必须安全可靠地提供大小合适的制动力矩。首先，制动系统应当安全可靠，在任何条件下都能提供制动力矩（如停电情况下）；其次，其提供的制动力矩应当大小合适。制动力矩如果过小，将不能及时停车或可靠地定车；如果制动力矩过大，将会导致紧急制动减速度过大，一方面使设备产生过大的动负荷，另一方面也会对人员造成伤害。

为使制动系统能保证提升工作安全顺利进行，《煤矿安全规程》对提升机制动系统提出了要求。

对于立井或倾角大于 30° 的斜井，要求如下。

①最大制动力矩不得小于提升或下放最大静负荷力矩的 3 倍；

②对于双卷筒提升机，为了使离合器打开时能闸住游动卷筒，制动器在各卷筒上的制动力矩不得小于该卷筒悬挂提升容器和钢丝绳重力所产生力矩的 1.2 倍；

③在同一制动力矩作用下安全制动时，无论是提升还是下放载荷，其减加速度必须满足 $1.5 \text{ m/s}^2 \leqslant a \leqslant 5 \text{ m/s}^2$；

④对于摩擦式提升机，其工作制动或安全制动的减加速度不得超过钢丝绳的滑动极限，即不引起钢丝绳打滑；

⑤安全制动必须自动、迅速和可靠。

如果以上各条件之间有矛盾不能同时满足，则需采用二级制动。

三、二级制动

二级制动就是将某一特定的提升机所需要的全部制动力矩分成两级施加。施加第一级制动力矩后，使提升机产生符合《煤矿安全规程》规定的安全制动减加速度；在提升机停下后施加第二级制动力矩，使提升机满足 3 倍静力矩的要求。

对于直流拖动、自动化程度较高的提升机，由于其速度控制性能较好，运行参数稳定，往往不需二级制动，故它们的液压系统较简单。

四、块闸制动系统

（一）块闸制动装置

块闸有平移式和角移式两种。平移式制动器如图 4-17 所示。制动梁 10 同立柱 7 铰接，其下端安设三角杠杆 6，立柱 7 用铰轴支承在地基上。前、后制动梁用横拉杆 11 彼此连接起来，其通过制动立杆 4、制动杠杆 8 受工作制动气缸 3 或安全制动气缸 2 的控制。工作制动气缸充气时抱闸，排气时松闸。安全制动气缸充气时松闸，排气时抱闸。当工作制动气缸充气或安全制动气缸排气都可使制动立杆 4 向上运动，通过三组三角杠杆 6、横拉杆 11 和可调节拉杆 12 等，驱动前、后制动梁 10 而带动闸瓦 13 压向制动轮 14，产生制动作用。反之，若工作制动气缸排气或安全制动气缸充气都会使制动立杆 4 向下运动，从而使提升机松闸。这种制动器前、后制动梁的动作是近似平移的，前制动梁受立柱 7 和辅助立柱 5 的支承形成四连杆机构。当辅助立柱 5 和立柱 7 接近垂直位置时（制动梁的位移仅 2 mm 左右），基本上可以保证前制动梁的平移性。但后制动梁由于仅由立柱 7 支承，所以它的平移性并不是在所有情况下都能得到保证的。螺钉 9 的作用是保证闸瓦两侧间隙相同。

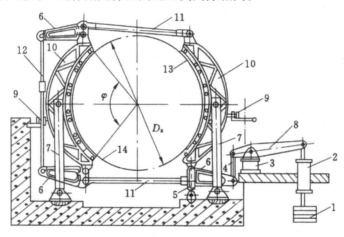

图 4-17　平移式制动器

1—安全制动重锤；2—安全制动气缸；3—工作制动气缸；4—制动立杆；5—辅助立柱；6—三角杠杆；

7—立柱；8—制动杠杆；9—螺钉；10—制动梁；11—横拉杆；12—可调节拉杆；13—闸瓦；14—制动轮

角移式制动器如图 4-18 所示，前制动梁 2 和后制动梁 7 是焊接结构件，它们经三角杠杆 5、拉杆 4 彼此相连，闸瓦 6 固定于前、后制动梁上，利用拉杆 4 左端的调节螺母 8 来调节闸瓦与制动轮间的间隙。螺钉 1 用来支撑和调整前制动梁，以保证制动轮两侧的间隙相同。制动时，三角杠杆 5 逆时针方向转动，推动前制动梁 2、拉杆 4 带动后制动梁 7 绕各自的轴转动，使两个闸瓦 6 压向制动轮 9 产生制动。当三角杠杆 5 顺时针方向转动时松闸。

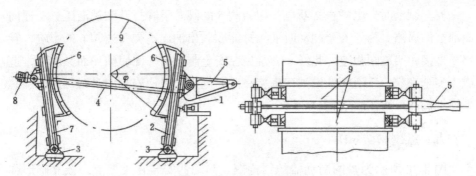

图 4-18 角移式制动器

1—螺钉；2—前制动梁；3—轴承；4—拉杆；5—三角杠杆；6—闸瓦；7—后制动梁；8—调节螺母；9—制动轮

平移式制动器和角移式制动器相比，其优点是闸瓦压力及磨损比较均匀。但它也存在结构比较复杂、安装时调整比较困难的缺点。

（二）角移式制动装置的液压控制系统

角移式制动系统的液压控制系统如图 4-19 所示。当司机把制动手把拉向身边时，三通阀 6 的活塞下降，打开制动液压缸 7 通向储油缸的通路，在重锤 8 的重力作用下，液压缸内的油流出，重锤 8 下降，立杆 1 上移给制动器施加制动力，同时由于杠杆 3 顺时针转动，经差动杠杆 4 传动，使三通阀 6 的活塞上升，直至重新把油口堵住为止，保持一定制动力。松闸时过程与上述相反。

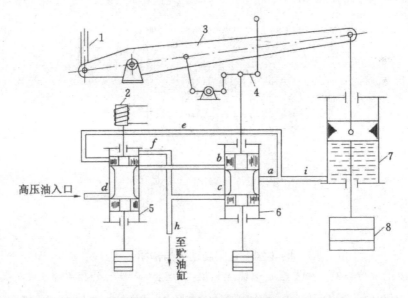

图 4-19 液压控制系统示意图

1—立杆；2—电磁铁；3—制动杠杆；4—差动杠杆；5—四通阀；6—三通阀；7—制动液压缸；8—重锤

安全制动时，电磁铁2断电，四通阀5的阀芯下降打开制动液压缸7通向储油缸的通路。为了安全制动时液压缸能顺利出油而不受三通阀6的影响，管路 e 直接和四通阀相连。此外，为避免在安全制动时一面回油一面又进油，造成不安全现象，三通阀的进油口串接在四通阀上，以便安全制动时四通阀阀芯下降把进油口堵住。

五、盘闸制动系统

图 4-20 所示为盘闸制动器的结构图。制动器安装在机架上，依靠碟形弹簧 2 的作用力把闸瓦 26 推向制动盘，从而产生制动力矩。其工作原理如图 4-21 所示。当液压缸内油压 P_A 为最小时，制动盘受最大正压力 F_2 的作用，呈全制动状态；当油压 P_A 升高时，液压油产生的推力 F_1 增大，弹簧力 F_N 将部分地被克服，使制动盘受到的作用力减小，从而减小制动力矩；当工作油压升高，使 $F_1 > F_2$ 时，则完全解除制动，此时 $F_N=0$。

松闸时将压力油送入工作腔，通过活塞及连接螺栓将闸瓦拉回，弹簧被压缩，闸瓦离开制动盘。调节螺母是用来调节闸瓦间隙的。

盘式制动器的优点：结构紧凑、重量轻、动作灵敏、安全性好、便于矿井实现自动化，闸的副数可以根据制动力的大小进行增减。

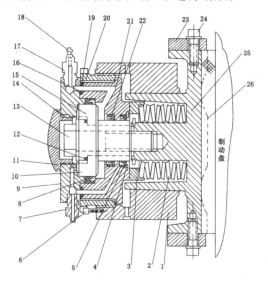

图 4-20　盘闸制动器结构图

1—制动器体；2—碟形弹簧；3—弹簧座；4—挡圈；5, 8, 22—油封；6, 24—螺钉；7, 17—油管接头；9—缸盖；

10—活塞；11—后盖；12, 14, 16, 19—密封圈；13—连接螺栓；15—活塞内套；18—油管；20—调节螺母；

21—液压缸；23—压板；25—筒体；26—闸瓦

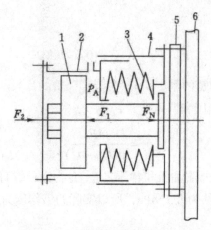

图 4-21 盘闸制动器工作原理

1—活塞；2—液压缸；3—碟形弹簧；4—筒体；5—闸瓦；6—制动盘

（一）盘闸制动器主要工作参数计算

盘闸制动器的主要工作参数是制动器所需产生的正压力和工作油压。

1. 正压力

根据制动力矩满足 3 倍最大静力矩的要求有

$$M_z=3\left[Qg\pm(n_1p-n_2q)H\right]R \tag{4-1}$$

式中：M_z 为制动力矩；Q 为次提升货载质量；n_1 为主绳根数；p 为每根主绳单位长度的重力；n_2 为尾绳根数；q 为每根尾绳单位长度的重力；H 为提升高度；R 为提升机卷筒半径。

盘闸制动器产生的制动力矩由制动参数决定

$$M_z=2F_NfR_mn \tag{4-2}$$

式中：F_N 为作用于制动盘上的正压力；f 为闸瓦与制动盘之间的摩擦因数；R_M 为制动盘平均摩擦半径；n 为制动盘闸瓦副数。

由以上两式得

$$F_N=\frac{3R\left[Qg\pm(n_1p-n_2q)H\right]}{2fR_Mn} \tag{4-3}$$

式中："$\pm$"号的选取应保证 FN 有较大值。

2. 工作油压

松闸时，制动缸中液压油产生的力 F_1 应能克服碟形弹簧产生的正压力 F_N，闸瓦间隙 $\Delta=1\sim1.5$ mm 压缩量所需的弹簧力，运动阻力 $C=(0.1\sim0.2)$

F_N，即

$$F_1 = F_N + K\frac{\Delta}{n'} + (0.1 \sim 0.2)F_N \qquad (4\text{-}4)$$

式中：K 为蝶形弹簧的刚度；n' 为碟形弹簧的片数。

由此可得出所需油压和背压之差 p_c 为

$$p_c = \frac{4F_1}{\pi(D^2 - d^2)} \qquad (4\text{-}5)$$

式中：p_c 为制动器所需油压和背压之差；D 为液压缸直径；d 为活塞杆直径。

液压缸的背压 $p_背$ 约为 0.5 MPa，所以实际的工作压力应为

$P = p_c + p_背$

根据计算出的正压力和工作压力，参照制动器的技术性能参数人们即可选择和调整制动器。

（二）盘闸制动系统的液压站

盘闸制动器与液压站一起构成了盘闸制动系统。制动器是制动系统的执行机构，液压站是其驱动机构，它为制动器提供压力油源，其作用为如下。

①工作制动时，根据所需制动力矩，调节工作油压。

②安全制动时，迅速回油，并实现二级制动。

③调绳或更换水平时，控制游动卷筒和固定卷筒上的制动器单独动作。

液压站稳定可靠运行是矿井安全提升的必要保证，在设计、维护、使用中人们必须给予充分重视。我国有多种盘闸制动系统的液压站，下面以 TY1-D/S 液压站为例，说明其组成、工作原理和功能。

液压站主要组成部分如图 4-22 所示，它由在系统上互相独立的工作制动与安全制动两部分组成。工作制动部分由电动机 1、叶片泵 2、网式滤油器 3、纸质滤油器 4、电液调压装置 5 及溢流阀 6 等分别组成两套油路系统，一套工作，一套备用。在提升过程中，电动机 1 带动叶片泵 2 运转，此时安全制动电磁阀 G_3、G_3' 有电。液压泵产生的压力油经纸质滤油器 4、液动换向阀 7、安全制动阀 9 和 10，由 A、B 管分别进入固定滚筒和游动滚筒的盘形制动器液压缸。安全制动部分由电磁阀 G_3、G_3'、G_4、G_5，减压阀 11，溢流阀 8，蓄能器 14 等组成。单绳缠绕式双滚筒提升机在此基础上增加了电磁阀 G_1、G_2，以供调绳时使用。

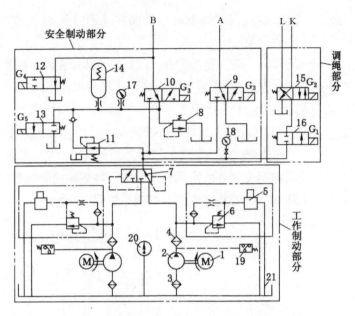

图 4-22　TY1-D/S 液压站原理图

1—电动机；2—叶片泵；3—网式滤油器；4—纸质滤油器；5—电液调压装置；6—溢流阀；

7—液动换向阀；8—溢流阀；9、10—安全制动阀；11—减压阀；12—电磁阀（断电通）；

13—电磁阀（有电通）；14—蓄能器；15—二位四通阀；16—二位二通阀；17、18—压力表；

19—压力继电器；20—温度计；21—油箱

随着提升机承载能力的提高，盘式制动器的压力也要求相应加大。为了不使液压缸体积增加太大，大型提升机液压站一般采用中高压系统。油源部分采用双速电动机或双联泵，可供给不同的流量。松闸时大流量供油，以缩短松闸时间；松闸后改为小流量泵补油，以减少系统发热，同时节约能耗。

1. 工作制动

工作制动的特点是必须根据实际运动的要求，配合电气控制方式，调节、控制制动力矩，以按规定的速度停车。制动力矩地调节，亦即油压地调节，是靠电液调压装置实现的。

电液调压装置由溢流阀及喷嘴挡板系统组成，结构原理如图 4-23 所示。它的主要功能是定压和调压。

①定压作用。其可以根据使用条件限定最大工作油压，当系统压力超过调定压力时，压力油经过 K、C、D、A 推开先导阀 8。此阀开启后便有一部分油经滑阀 12 的中心孔由回油孔排出，造成小孔 B 两端压差加大，D 腔压力低于 C 腔压力。在不平衡压力作用下，滑阀 12 向上移动，打开溢流口，从而降低

管网的压力值。当 C、D 腔压差降低时，滑阀在辅助弹簧 11 的作用下下移，保持系统压力不低于调定值。

②调压作用。其与电液调压装置配合，控制工作油压在调定的范围内变化。由液压泵产生的压力油从 K 腔进入 C 腔，另一路经节流孔 13 进入 D 腔，滑阀 12 受 C、D 腔及辅助弹簧 11 的作用处于上、下移动或暂时平衡状态，以保持一定的溢流量。如果 D 腔压力小于 C 腔，滑阀向上移动，加大溢流量，于是 C 腔压力相应下降，亦即使管网压力下降。若 D 腔压力大于 C 腔，滑阀向下移动，溢流量减小，于是管网压力上升。在调压过程中，溢流阀的滑阀跟随 D 腔内的压力变化而上、下移动，改变其溢流量，以调整管网的压力。

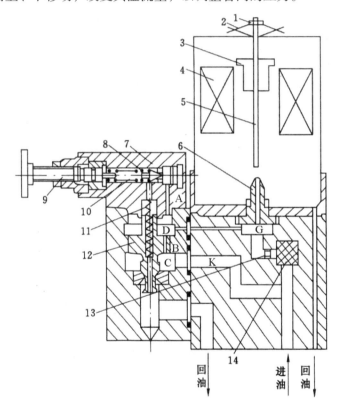

图 4-23　电液调压装置结构原理图

1—固定螺钉；2—十字弹簧；3—可动线圈；4—永久磁铁；5—控制杆；6—喷嘴；7—中空螺母；

8—先导阀；9—调压螺栓；10—定压弹簧；11—辅助弹簧；12—滑阀；13—节流孔；14—滤芯

D 腔内的压力变化受电液调压装置可动线圈 3 电流的控制。由图 4-23 可见，控制杆 5 上固定的可动线圈 3 悬挂在十字弹簧 2 上。当可动线圈输入直流信号后，线圈在永久磁铁4的作用下产生位移，当线圈电流增大时，控制杆的挡板与喷嘴间的距离减小，D腔内压力增大，D腔与G腔相通，使G腔压力增大，相应管网油压也增大。可动线圈的电流减小时，溢流阀的溢流量增大，入口油压减小，管网油压减小。

工作制动时，司机通过操作制动手柄调整自整角机的转角改变可动线圈内的电流，从而改变液压站管网的油压，从而达到调节制动力矩的目的。

综上所述，调压过程可归纳为制动手柄位移→动线圈内电流改变→挡板位移→C、D腔压力变化→溢流阀滑阀位移→K腔（系统）压力变化。

2. 二级安全制动

获得二级安全制动的方法是将一台提升机的盘形制动器分成数量相等（也可不相等）的两组，每组的油管分别与液压站的A、B管相连（图4-22）。一级制动油压值是通过减压阀11和溢流阀8调定的。通过减压阀11的油压值为p_1'，故蓄能器14内的油压也为p_1'，而溢流阀8调定的压力值为p_1，p_1比p_1'大0.2～0.3 MPa，p_1即为第一级制动油压。当发生紧急情况时，电气保护回路中有关接点断开，电动机1、叶片泵2停止转动，安全制动电磁阀G_3、G_3'断电，与A管相连的盘形制动器通过安全制动阀9后迅速回油，油压降至0。与B管相连的盘形制动器的压力油通过安全制动阀10后，一部分经过溢流阀8流回油箱，另一小部分进入蓄能器14内，使其油压从p_1'增加到第一级制动油压p_1，这时即产生第一级制动力矩。经过电气延时继电器的延时后，电磁阀G_4断电，G_5通直流电，使与B管相连的盘形制动器的油压全部降至0（实际上有残压），此时制动力矩达到最大值，即全制动状态。当解除安全制动时，可令安全制动阀G_3、G_3'及电动机1通电，则A、B管同时与液压站进油路相通，压力油进入盘形制动器，松闸。

3. 调绳离合器控制

在双滚筒提升机液压站中，还有二位四通阀15、二位二通阀16，其作用是控制离合器打开或合上。

调绳开始，使安全制动阀G_3、G_3'断电，提升机处于全制动状态。当需要打开离合器时，使二位四通阀15的电磁铁G_2、二位二通阀16的电磁铁G_1通电，此时高压油经K管进入调绳离合器油缸的离开腔，使游动卷筒与主轴脱开。此时使G_3通电，固定卷筒解除安全制动（游动卷筒仍处于制动状态），进行调绳操作。调绳结束后需合上离合器时，使G_3再断电，固定卷筒又处于制动状态。这时使 G_2 断电，则压力油经 L 管进入调绳离合器油缸的合上腔，使游动卷筒与主轴合上。最后使 G_1 断电，切断进入离合器的油路，并解除安全制动，使其恢复正常提升。

第六节　矿井提升设备的运行与维护

一、矿井提升机的运行

（一）操作方式

矿井提升机的操作方式有手动操作、自动操作和半自动操作三种。

手动操作的提升机多用于斜井提升，司机直接用控制器操纵电动机的换向和速度调节；自动操作的提升机多用于提升循环简单、停机位置要求不必特别准确的主井箕斗提升系统，其操作过程都是提升机自动运行，司机只观察操作保护装置的正确性；半自动操作的提升机要求司机通过操作把手进行部分阶段的运行操作，启动阶段的加速过程是由继电器按规定要求自动切除启动电阻进行的，等速阶段由于电动机工作在自然机械特性曲线的稳定运行区域，不需要自动操纵装置，只需要各种保护装置，减速阶段司机就要根据不同的减速方式采用手动操作，以实现准确停车。半自动操作方式是我国目前较为普遍使用的提升机操作方式。

（二）提升机的运行

以半自动操作的单绳缠绕式提升机为例。

1. 运行许可条件

①电气控制装置完善、灵敏，配电装置及轮缘等处清洁、完好。

②主传动电动机的短路及断电保护装置、过卷装置、过速保护装置、过负荷及无电压保护装置、闸瓦磨损保护装置、励磁检测装置必须灵敏可靠。

③司机操作台各控制按钮灵敏可靠，各电流表、电压表指示准确、可靠。

④液压站油量充足，电磁阀、溢流阀等动作可靠，压力表灵敏准确，泄压阀动作可靠，盘型闸启闭灵活。

⑤主机部分和导向轮部分螺栓无松动、无缺少，绳槽无过度磨损。

⑥钢丝绳无超标现象。

⑦提升机紧急情况下，安全制动动作灵敏可靠。

2.运行前的检查和运行顺序

（1）运行前的检查

提升机在运行前首先要对重点部位进行一次检查，即对整机各部位、导向轮部位、液压站、操纵机构、制动管路系统、深度发送装置等进行检查。

（2）运行顺序

检查完毕无误后按以下开车顺序进行启动。

①主令控制器、工作闸及各安全装置处于正常位置。

②将安全开关拨到手动方式。

③司机接到开车指令后，按照信号要求方向控制主令操作杆向前或向后，同时操作制动杆，开动提升机。

二、矿井提升机的维护与检修

（一）巡回检查路线

操作台→计算机→监控设备→主电机→滚筒及制动器→液压站→冷却通风机→低压开关柜→直流快开及电抗器、整流变压器→动力励磁变压器→高压开关柜→操作台。

（二）主要设备的维护与检修

1.传动机构

①检查每个轴承的润滑油量是否充足，油质是否清洁；轴承是否有异常声音；减速机运行是否有异常振动声音。

②检查各部位的螺丝是否有松动或缺少。

③检查各部位的键连接是否有松动。

2.制动机构

①检查抱闸各拉杆螺丝是否松动或缺少，盘型闸动作时是否灵活可靠。

②检查制动盘与闸瓦的磨损间隙是否过大，一般间隙为 0.6 ～ 1.5 mm。

③检查测速发电机是否传动平稳，胶轮是否过度磨损。

④检查电磁阀、溢流阀、比例阀、紧急停车阀、卸荷阀和过卷开关是否灵活可靠。

⑤检查制动盘是否有油污，应使其保持清洁。

3. 液压系统

①检查油量是否充足，油温是否过高。

②观察油压表指示的压力是否达到规定要求。

③检查阀、管路是否漏油。

4. 深度指示器

①检查链轮及链子、丝杆及齿轮等磨损情况，查看键及螺丝是否松动。

②检查链轮与链子、丝杆与齿轮和轴承润滑是否良好。

③检查链锁和保护装置是否灵活、可靠。

5. 导向轮部分

①检查导向轮绳槽是否过度磨损或缺少。

②检查导向轮运转是否平稳，有无异常振动或噪声。

③检查各部分螺栓是否松动或缺少。

④检查导向轮轴承是否润滑良好。

6. 电气部分

①检查电动机滑环和碳刷磨损、接触情况。

②检查配电装置及绝缘子等处是否清洁、完好。

③检查电动机和启动电阻等处接线固定螺丝是否松动。

④检查信号系统是否良好。

7. 提升电机

①每班操作工要测定温度，其温度不能超过60℃。

②每年由专职电工测定转子和定子的间隙。

③每半年由专职电工检查轴承磨损情况。

8. 操作台

①每班操作工要检查工作制动闸是否灵活，固定处是否良好。

②每周由专职电工检查主令控制器是否灵活、接点是否良好。

9. 防坠器

①每周由专职维修工用手锤敲击各组件连接处检查其是否牢固。

②每半年由专职机构组织一次坠罐试验。

10. 安全控制部分

①每班由操作工检查过卷是否动作正常。

②每半月由专职电工检查闸瓦过磨开关的灵敏度。

③每月由操作工试验过速保护装置的灵敏程度。

11. 钢丝绳维护

①新绳挂绳后一周内要每天检查一次，以后每周检查一次。当钢丝绳断丝达到2%后，应该每天检查一次。每次检查都应该做好记录。检查速度应该在0.3 m/s 以下。

②使用过程中的钢丝绳应该定期剁绳头。剁绳头时间要根据使用年限确定，三年以内者3～6个月剁一次，两年以上者6～10个月剁一次。使用后期可以酌情缩短剁绳时间。

③发生紧急制动或严重的过卷和卡罐等事故时，应该立即停车，并详细检查记录和处理。

④若钢丝绳为双层或三层缠绕时，每层间应隔两个月换一次位置，并安装过渡块。

⑤操作工每周涂钢丝绳润滑脂一次，每清洗一次都要重新涂油。

⑥主要提升机应该备有备用钢丝绳。备用钢丝绳要妥善保管，勿使其生锈。

第二篇

矿山流体机械

第五章 矿井排水设备

第一节 概 述

一、矿井排水设备的任务和分类

在矿井建设和生产过程中，由于地层含水不断地涌出，雨雪和江河水的渗透，水砂充填和水力采煤的井下供水，使大量的水汇集于井下，矿井排水设备的任务就是将这些矿水及时排送至地面。

矿井涌水量是指单位时间涌入矿井的总水量，单位是 m^3。不同的矿井位置、地形及地质条件、开采方法对涌水量的大小都有影响，同一矿井在不同季节涌水量也不相同。在雨季和融雪时期涌水量大，这时的涌水量为最大涌水量；其他时期涌水量比较均匀，被称为正常涌水量。

由于溶解在水中物质的不同，矿水按氢离子浓度 pH 值分：pH =7 时为中性水；pH>7 时为碱性水；pH<7 时为酸性水。当 pH<5 时要求选用耐酸的排水设备或采取防酸措施。

矿井排水设备有固定式和移动式两种。固定式排水设备固定在水泵房内，是矿井的主排水设备，水泵房设置在井底车场附近。移动式排水设备主要用于掘进或淹没巷道的排水。

我国煤矿使用的水泵主要是离心式水泵，主要分类方法如下。

①按叶轮数目分：单级水泵，即泵轴上仅装有一个叶轮；多级水泵，即泵轴上装有多个叶轮。

②按叶轮进水口数目分：单吸水泵，即叶轮上仅有一个进水口；双吸水泵，即叶轮上两侧都有进水口。

③按泵壳的接缝分：分段式水泵，即垂直水泵轴心线的平面上有泵壳接缝；

中开式水泵，即在通过水泵轴心线的水平面上有泵壳接缝。

④按水泵轴的位置分：卧式水泵，即水泵轴呈水平放置；立式水泵，即水泵轴呈垂直放置。

二、矿山排水设备的组成及其作用

如图 5-1 所示，矿山排水设备一般由离心式水泵、电动机、启动设备、管路及管路附件和仪表等组成。

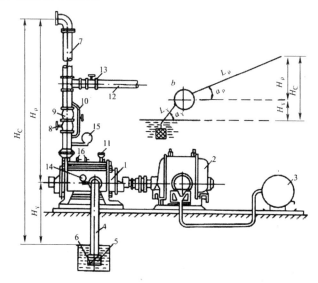

图 5-1 矿山排水设备组成示意图

1—离心式水泵；2—电动机；3—启动设备；4—吸水管；5—滤水器；6—底阀；7—排水管；8—调节闸阀；
9—逆止阀；10—旁通管；11—引水漏斗；12—放水管；13—放水闸阀；14—真空表；15—压力表；16—放气栓

水泵是把原动机械能传输给水的机械，叶轮是传输能量的主要零件。

滤水器 5 装在吸水管的最下端，其作用是过滤矿水中的杂物，防止杂物进入水泵。

底阀 6 用于防止水泵启动前充灌的引水及停泵后的存水漏入吸水井。底阀阻力较大，并常出现故障，所以一些矿井采用了无底阀排水。无底阀排水就是去掉底阀，减小吸水管路的阻力，并减少了存在底阀时的故障。

调节闸阀 8 安装在靠近水泵的出水管段上，用来调节水泵的扬程和流量，正常停泵时先关闭该闸阀以免水击水泵与管路。

逆止阀 9 安装在调节闸阀的上方，防止突然停泵时来不及关闭调节闸阀而发生的水击，以保护水泵和管路。

旁通管 10（对有底阀的水泵）跨接在逆止阀和调节闸阀两端。水泵启动前，可通过旁通管用排水管中的存水向水泵充灌引水。

压力表 15 主要是用来检测水泵出口的压力。

真空表 14 主要是用来检测水泵入口处的真空度。

引水漏斗 11 主要是用来充灌引水。

放气栓 16 主要作用是在充灌引水时排出水泵内的空气。

放水管 12 主要作用是在检修水泵和管路时把排水管中的存水放入吸水井。

三、对排水设备的要求

1. 对固定排水设备的要求

①井下排水设备应有工作水泵、备用水泵和检修水泵。工作水泵应能够在 20 h 内排出正常涌水量。备用水泵的排水能力应不小于工作水泵排水能力的 70%，并且工作和备用水泵的总排水能力为在 20 h 内排出矿井 24 h 的最大涌水量。检修水泵的排水能力应不小于工作水泵能力的 25%。

②必须有工作和备用水管，其中工作水管应能配合工作排出水泵在 20 h 内排出矿井 24 h 的正常涌水量。工作和备用水管应能配合工作和备用水泵在 20 h 内排出矿井 24 h 的最大涌水量。

③配电设备应同工作、备用和检修水泵相适应，并能够同时给工作、检修和备用的水泵供电，主排水泵房的供电线路不得少于两条回路，每一条回路应能担负全部负荷的供电。

④主排水泵房至少有两个出口：一个出口用斜巷通到井筒，这个出口应高于泵房 7 m 以上；另一个出口通到井底车场，在这个出口的通道内应设置容易关闭的防火、防水密闭门。

⑤水管、水泵、闸阀和排水用的配电设备等都必须经常检查和维护。

2. 对移动式排水设备的要求

①水泵应满足流量变化不大而扬程有较大变化的需要，有较好的吸水性能，以保证把水排干。

②在垂直泵轴的平面上其外形尺寸应较小，以便在横断面较小的巷道中工作，并且其还应能够方便而迅速地移动。

四、矿山排水系统

矿山排水系统一般分为直接排水系统、分段排水系统和集中排水系统。

1. 直接排水系统

直接排水系统是将矿水集中到水仓，然后用排水设备直接排送至地面的排水系统。图 5-2（a）为单水平开采的直接排水系统；图 5-2（b）为多水平开采的直接排水系统。

直接排水系统具有系统简单，泵房、水仓及管子道开拓量和基建投资小，排水设备数量少，维护、检修量小，管理方便等优点。在现有水泵扬程满足排水高度要求的情况下，一般采用直接排水系统。直接排水系统也是我国煤矿通常采用的一种排水系统。

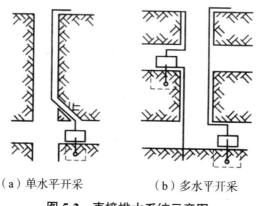

（a）单水平开采　　　　　（b）多水平开采

图 5-2　直接排水系统示意图

2. 分段排水系统

如果井筒过深，现有水泵的扬程不能满足排水高度的要求时，人们一般采用分段排水系统。图 5-3（a）为单水平开采的分段排水系统，该系统往往在井筒中部开设泵房和水仓，也可只开设泵房不开设水仓。图 5-3（b）为多水平开采的分段排水系统，是把下水平的矿水先排至上水平水仓，然后由上水平排至地面的排水系统。

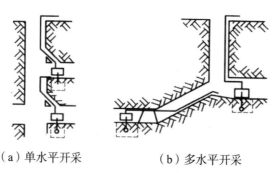

（a）单水平开采　　　　　（b）多水平开采

图 5-3　分段排水系统示意图

3. 集中排水系统

多水平开采的矿井可将上水平的矿水集中到下水平水仓，由下水平排至地面。图 5-4 为两个水平开采的集中排水系统，是将上水平的矿水下放至下水平水仓，然后由下水平排至地面的排水系统。

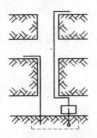

图 5-4　集中排水系统示意图

矿井排水采取哪种排水系统应根据矿井的具体情况和现有可选择排水设备，经技术经济比较后确定。

五、离心式水泵

（一）离心式水泵的组成及工作原理

图 5-5 为一单级离心式水泵的结构示意图。它主要由叶轮 1、叶片 2、外壳 3、吸水管 4、排水管 5 等组成。叶轮固定在泵轴上，随泵轴一起转动。外壳 3 为一螺线形扩散室，吸水口和排水口分别与吸水管 4 和排水管 5 连接。

水泵启动前，先向水泵充灌引水，灌满引水后，启动电机。电机带动泵轴与叶轮旋转，叶轮内的水在离心力作用下，由叶轮入口流向叶轮出口，并经螺线形扩散室进入排水管被排出。此时，在叶轮进水口处就形成真空（负压），吸水井中的水在大气压力作用下通过吸水管被压入叶轮入口，从而形成连续流动。

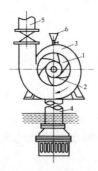

图 5-5　单级离心式水泵结构示意图

1—叶轮；2—叶片；3—外壳；4—吸水管；5—排水管；6—引水漏斗

107

（二）离心式水泵的分类

①按叶轮数目可分为单级水泵和多级水泵。单级水泵的泵轴上仅装有一个叶轮；多级水泵的泵轴上装有多个叶轮。

②按水泵吸水方式可分为单吸水泵和双吸水泵。

③按泵壳的结构可分为螺壳式水泵、分段式水泵和中开式水泵。

④按泵轴的位置可分为卧式水泵和立式水泵。

⑤按比转数可分为低比转数水泵、中比转数水泵和高比转数水泵。低比转数水泵的比转数 n_s 为 $40 \sim 80$；中比转数水泵的比转数 n_s 为 $80 \sim 150$；高比转数水泵的比转数 n_s 为 $150 \sim 300$。

（三）离心式水泵的工作参数

1. 流量

水泵在单位时间内所排出水的体积称为水泵的流量。

2. 扬程

单位重量的水通过水泵后所获得的能量称为水泵的扬程。

（1）吸水扬程（吸水高度）

泵轴线到吸水井水面之间的垂直高度称为吸水扬程。

（2）排水扬程（排水高度）

泵轴线到排水管出口处之间的垂直高度称为排水扬程。

（3）实际扬程（测地高度）

从吸水井水面到排水管出口中心线间的垂直高度称为实际扬程。

（4）总扬程

总扬程 H 为实际扬程 H_{SY}、损失扬程 h_w 和水在管路中以速度 v 流动时所需的（速度水头）扬程 $\dfrac{v^2}{2g}$ 之和。

3. 功率

水泵在单位时间内所做的功的大小叫作水泵的功率。

（1）水泵的轴功率

电动机传给水泵轴的功率，即水泵的轴功率（输入功率）。

（2）水泵的有效功率

水泵实际传递给水的功率，即水泵的有效功率（输出功率），用符号 p_x 表示。

4. 效率

水泵的有效功率与轴功率之比叫作水泵的效率，用符号 η 表示。

5. 转速

水泵轴每分钟的转速叫作水泵的转速。

6. 允许吸上真空度或汽蚀余量

在保证水泵不发生汽蚀的情况下，水泵吸水口处所允许的真空度叫作水泵的允许吸上真空度，用符号 H_s 表示。

水泵吸水口处单位重量的水超出水的汽化压力的富余能量叫作水泵的汽蚀余量。

（四）离心式水泵的理想叶轮模型

水在水泵的叶轮中的流动情况相当复杂，利用数学方法准确求出压头特性（泵转速一定时，流量与压头之间的关系）是很困难的，只能采用近似方法，使其结果能基本反映实际情况，这就是建立一个理想叶轮模型，其条件如下。

①叶轮叶片数目无限多，叶片厚度无限薄；

②介质（水）为理想流体，水泵工作时没有任何损失；

③水的流动是稳定流动。

第二节　矿井排水泵的现状与发展

矿井排水泵是保障正常采煤和工人人身生命安全的重要设备。随着采煤深度和采煤量的增加，需要相应发展高扬程、大流量和高效率的大型排水泵设备。

一、矿井排水泵的现状

近年来对矿井排水泵的需求量逐年增加，全国有几十个泵厂生产，但多为中小型泵厂。泵的品种有所增加，但泵的质量不高。有些产品效率较低、故障多、易磨损、寿命短。总之，矿井排水泵的产品质量和技术水平还不能满足煤炭生产和发展的需求。

目前我国泵类产品性能与世界先进国家相比还有相当大的差距。

二、矿井排水泵的发展方向

①为适应大型矿井的需要，应重点开发大流量、高扬程、高效节能和运行

可靠的大型排水泵。

②矿井排水泵因配用电动机的功率大，故提高泵的效率是十分重要的研究课题，设计、制造和使用部门应共同为此而努力。使用单位和制造厂都应对泵进行性能测试，明确泵的性能指标。

③轴向力平衡机构是制约排水泵质量的关键，应立项试验研究新型轴向力平衡装置。

④矿井待排水含的杂质较多，因此叶轮、口环和平衡机构等应当用不锈钢等耐蚀和耐磨材料制造。

⑤矿井的使用条件差，有时可能无法近泵操作，为此应提高泵的自动化程度，做到远程操作、无人值守。

⑥产品多元化，这主要体现在泵输送介质的多样性、产品结构的差异性和运行要求的独特性等几个方面。

⑦泵设计水平提升与制造技术优化有机结合，随着计算机技术的发展，人们可利用计算机进行制图、产品强度分析、可靠性预估和三维立体设计，以数控技术CAM为代表的制造技术业已深入泵的生产过程当中。

⑧产品标准化与模块化。在产品出现多元化的趋势下，为了保证产品价格的竞争优势，就要提高产品零部件的标准化程度，使产品零部件模块化，通过不同模块的组合进一步实现产品的多元化。

⑨内在特性与外在特性相结合。生产厂商不仅要关注泵的内在特性，而且要关注泵的外在特性，不仅是推销产品，更是要推销泵站（成套项目），为用户配套控制设备（包括变频）及成套设备，并关注泵的集中控制系统，提高整个泵及泵站的运行效率。

⑩使用新材料、新工艺。泵用材料从铸铁到特种金属合金，从橡胶制品、陶瓷等典型非金属材料到工程塑料，这些材料在提升泵的耐腐蚀、耐磨损与耐高温等性能方面发挥了突出的作用。有些泵还采用新的加工工艺，提高了型线的准确性及表面加工质量，使其符合泵站的使用要求。用新的表面涂覆技术和表面处理技术，同样可解决泵的抗蚀和抗磨问题。

⑪水泵质量不断提高。

a. 对水泵性能要求高。大型水泵（1000 kW以上）和年运行时间较长的中型水泵一般要按现场实际运行扬程和用户所需流量进行专门设计，较少套用定型产品，水泵的设计人员与泵站管理单位在设计、生产、制造、试验、安装、调试、运行和检修等各个环节上密切配合，使水泵性能与实际使用情况可以相互匹配，从而取得最优的运行效果。

b.泵站的自动化程度高，计算机对泵站运行的各种指标进行长期跟踪、监测和记录，使工作人员随时发现问题可随时加以解决，同时记录下来的数据也将成为水泵开发和性能完善的依据。

第三节 离心式水泵的结构与工作理论

离心式水泵的种类和型号很多。目前，矿山主排水泵主要用 D 型泵，而井底水窝和采区局部排水常用 IS 型泵，但有些煤矿还在采用 DA 型、B 型等一些老式泵。本节主要介绍 D 型和 IS 型泵的结构，其他型号的水泵在此不做介绍。

一、D 型泵

D 型泵是卧式单吸多级分段式离心泵，主要用来输送清水及物理化学性质类似于清水的液体。其输送液体的最高温度不超过 80 ℃，广泛用于矿山排水、工厂及城市给水等。为适应不同工作条件与环境，D 型泵派生出一些产品，如 DM 型（耐磨泵）、DF 型（耐腐蚀泵）、DG 型（锅炉给水泵）等，它们都为卧式单吸多级分段式离心泵，除 DG 型吸水口为垂直向上（有些 DF 型水泵吸水口也为垂直向上）外，其他皆为吸水口水平、排水口垂直向上的形式，它们的其他结构基本相同，不同的是它们的过流部件采用的材料不同。图 5-6 为 D 型泵的外形图。

图 5-6 D 型泵外形图

（一）D 型泵的结构

图 5-7 为 D 型泵的结构图。D 型泵主要由转动部分、固定部分和密封部分等组成。

111

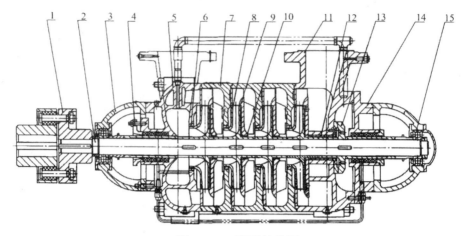

图 5-7　D 型泵结构图

1—联轴器部件；2—轴；3—轴承体填料压盖；4—填料压盖；5—进水段；6—密封环；7—中段；

8—叶轮；9—导叶；10—导叶套；11—出水段；12—平衡套；13—平衡盘；14—尾盖；15—轴承

1. 转动部分

转动部分主要由泵轴、叶轮、平衡盘和轴承组成，叶轮和平衡盘装在泵轴上，泵轴支撑在两端的轴承上，在电动机带动下一起转动。

（1）叶轮

图 5-8 为 D 型泵采用的闭式叶轮结构示意图。叶轮由前盘、后盘、叶片和轮毂组成，由灰口铸铁或铸钢铸造加工而成。

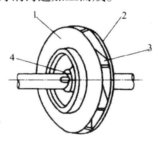

图 5-8　闭式叶轮结构示意图

1—前盘；2—后盘；3—叶片；4—轮毂

叶轮主要是靠离心力的作用把能量传递给水，以提高水的能量。D 型泵叶轮叶片数目一般为 5 ～ 8 片，并采用后弯扭曲叶片，以减小动压增大静压。第一级叶轮的入水口内径较大，目的是降低水流进入第一级叶轮的速度，提高水泵的抗汽蚀性能，其余各级叶轮入口直径相同。叶轮的制造和加工精度对水泵的效率有重要的影响，是水泵的易损件。

（2）泵轴

泵轴是传递扭矩的主要零件，叶轮和平衡盘用键固定其上，泵轴其余部分加装轴套，以防止磨损和锈蚀。泵轴一般用碳素钢或合金钢加工制成。

（3）平衡盘与平衡环

平衡盘与平衡环是用来平衡轴向推力的装置。平衡盘用键固定在泵轴上，随泵轴一起转动，平衡环用螺钉固定在出水段上。平衡盘如图 5-7 中 13 所示。

轴向推力产生的主要原因是叶轮前后盘压力不平衡。如图 5-9 所示，叶轮旋转时，叶轮前盘和后盘上的水压是依半径按抛物线规律变化的。叶轮入口半径 R_1 至叶轮外缘 R_2 环形部分受到的压力可以与后盘对应部分受到的压力相互抵消，但叶轮入口处（R_1 和 R_g）环形部分压力小于后盘对应环形部分的压力，这样就产生了一个由后盘向前盘方向的推力，该推力称为轴向推力。由于 D 型泵为多级泵，轴向推力为多个叶轮产生的推力之和。D 型泵的轴向推力很大，如不进行平衡，转子部分将向吸水段窜动，造成转动部分与固定部分摩擦磨损、轴承发热、电机过载等问题，甚至导致水泵不能正常工作。

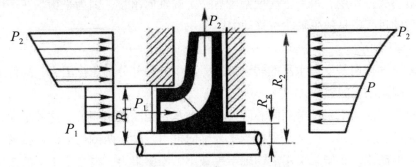

图 5-9　轴向推力产生原理图

图 5-10 为平衡装置示意图。平衡盘与平衡环之间的间隙 l_2 为平衡室，l_2 经过窜水间隙 l_1 与最后一级叶轮的高压水 P_2 相通，平衡盘右侧空腔用回水管与吸水管连通。因此，平衡盘左侧（平衡室）压力 P_2 高于右侧压力 P_0，从而产生一个和轴向推力相反的平衡力。平衡过程是，当水泵启动时。平衡室 l_2 内水的压力较低，平衡力较小，这时的轴向推力大于平衡力，平衡盘随泵轴向左移动，平衡室间隙减小，排出流量减小，平衡室内压力增大（向右），平衡力增大；当平衡力大于轴向推力时，平衡盘右移，平衡室 l_2 间隙增大，排出流量增大，平衡室压力降低，平衡力减小；当平衡力小于轴向推力时，平衡盘又向左移动，不停重复上述过程。由以上分析我们可知，平衡装置能自动平衡轴向推力。

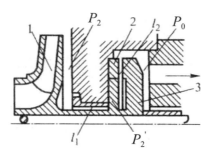

图 5-10 平衡装置示意图

1—末级叶轮；2—平衡座；3—平衡盘

平衡盘平衡轴向推力应注意以下几个问题。首先，要尽量减少水泵的启动、停止次数，以减少平衡盘和平衡环及叶轮和固定部分的磨损，并防止轴承损坏，这是因为，水泵在启动过程中流量小、扬程大，平衡力较小，轴向推力较大，这会使泵轴向吸水侧窜动，使平衡盘与平衡环摩擦、叶轮与固定部分摩擦而造成磨损。其次，要保证回水管的畅通，如果回水管堵塞，平衡盘两侧没有压力差，平衡盘将失去作用。最后，应使泵轴有一定的轴向窜量，因为平衡盘在平衡轴向推力的过程中是随泵轴左右移动的。

（4）轴承

轴承的作用是支撑水泵的转动部分，减少转动部分的摩擦阻力，降低运转负荷，提高水泵的效率。

D 型泵的轴承采用单列向心圆柱滚子轴承，用润滑脂润滑。这种轴承允许有少量的轴向位移，以利于平衡盘平衡轴向推力。轴承两侧用耐油橡胶密封圈和挡水圈防水。D 型泵采用滚动轴承也减小了摩擦阻力，提高了水泵的效率。轴承一般装在泵轴两端的轴承支架内。

2. 固定部分

如图 5-7 所示，固定部分主要包括进水段（前段）5、中段 7 和出水段（末段）11 等部件，它们之间用拉紧螺栓连接。一般吸水口为水平方向并位于进水段，出水口为垂直方向并位于出水段。

（1）进水段

图 5-11 为 D 型泵进水段结构图。进水段内的吸水室接收来自吸水管内的水，并把水均匀导入第一级叶轮入口，以降低流动损失。进水段一般由灰口铸铁铸造加工而成。

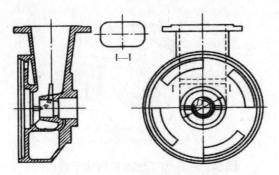

图 5-11　D 型泵进水段结构图

（2）中段

图 5-12 为 D 型泵中段结构图。中段又称导叶，主要由导水叶片 2 和返水叶片 3 组成。导水叶片间的导水流道和返水叶片间的返水流道把上一级叶轮流出的高压水以最小的损失导入下一级叶轮入口。一般导水叶片和叶轮叶片数目相差一个，以避免产生冲击和振动。中段一般由灰口铸铁铸造加工而成。

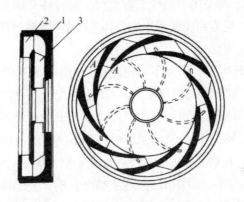

图 5-12　D 型泵中段结构图

1—中段；2—导水叶片；3—返水叶片

（3）出水段

图 5-13 为 D 型泵出水段的结构示意图。出水段主要是一螺线形扩散室，其作用是收集最后一级叶轮流出的高压水，并以最小的损失把水均匀地引至出口。由于扩散室的流道是逐渐扩大的，水在流动时，流速逐渐降低，除产生扩散损失外，有一部分动压转变成了静压，从而提高了水泵的效率。

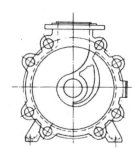

图 5-13　D 型泵出水段结构示意图

3. 密封部分

水泵的密封部分包括固定段之间静止结合面的密封和转动部分的密封。固定段之间静止结合面采用纸垫进行密封。转动部分的密封包括叶轮密封、轴封（吸水侧轴封和出水侧轴封）。

（1）叶轮密封

叶轮与固定段之间采用密封环进行密封。密封环又称为口环，叶轮进水口采用大口环密封，叶轮背面轮毂采用小口环进行密封。密封环（大口环）如图 5-7 中 6 所示。

叶轮是高速旋转零件，因此不可避免地会与固定部分产生摩擦磨损。为避免叶轮和固定部分的磨损，在叶轮入口与固定段配合处可加装大口环，在叶轮背面轮毂与固定部分配合处可加装小口环，以便于磨损后更换密封环。叶轮与密封环之间有环形间隙，高压区的水会通过环形间隙流入低压区，使水泵的流量减小、效率降低。在保证叶轮正常转动的情况下，为提高密封效果，大口环与叶轮的配合间隙应尽量小，如大口环直径为 200 mm 时，装配间隙应小于 0.35 mm，磨损后的最大间隙不超过 0.7 mm。小口环两侧的压力差不大，要求没有大口环严格。密封环磨损超过最大间隙时应及时更换，以保证水泵的流量和效率。

（2）轴封

如图 5-7 所示，泵轴是穿过泵体的，泵轴与进水段和出水段都有间隙，所以必须进行密封。轴封包括进水段密封和出水段密封，常采用填料密封，有些也采用机械密封，并在密封腔中通入一定的压力水，起水封、冷却和冲洗作用。

进水段填料密封的主要目的是防止空气进入水泵。由于泵轴与进水段之间有环形间隙，而吸水室的压力小于大气压力，如果不进行密封或者密封不好，外界大气将进入吸水室，影响水泵的正常工作，严重时甚至会产生断流。

图 5-14 为 D 型泵进水段填料密封结构图，它由填料、水封环及填料压盖等组成。填料一般用浸油石棉绳，将其弯成圆形装入填料箱，水封环装在填料

箱中间。水封环上一般有 4 个小孔，由水泵引入的压力水进入水封环形成水封，并起到冷却、润滑作用。填料压盖不能压得太紧或太松，一般以滴水不成线为宜（一般为 3s 1 滴水）。

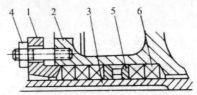

图 5-14　D 型泵进水段填料密封结构图

1—填料压盖；2—进水段；3—轴套；4—压盖螺栓；5—水封环；6—填料

出水段填料密封结构与进水段结构相同。其主要目的是防止高压水泄露，并起冷却、润滑作用。

（二）D 型泵型号的意义

新型号：D280-43×5DF（M、G）280-43×5

D——单吸多级分段式清水泵；

DF——单吸多级分段式耐酸离心泵；

DM——单吸多级分段式耐磨离心泵；

DG——单吸多级分段式锅炉给水泵；

280——额定流量，m^3/h；

43——平均单级额定扬程，m；

5——水泵级数。

老型号：200D43×5

200——吸水口的直径，mm；

D——单吸多级分段式清水泵；

43——平均单级额定扬程，m；

5——水泵级数。

（三）D 型泵的特点

D 型泵是我国目前设计制造效率最高的多级离心泵，该泵流量、扬程范围较大，多级离心泵包括清水泵、耐酸泵和耐磨泵等，适合于矿山排水。D 型泵采用了单列向心圆柱滚子轴承，减小了摩擦阻力，提高了水泵的效率，采用的平衡装置（平衡盘和平衡环）具有自动平衡轴向推力的特点。

二、IS型泵

图5-15为IS型泵外形图。IS型泵系单级单吸轴向吸入式离心泵，是根据国际标准所规定的性能和尺寸设计的，其主要是输送液体温度不超过80℃的清水或物理化学性质类似于水的液体。它具有结构简单、性能可靠、体积小、重量轻、效率高、振动小、汽蚀余量低等特点。该型号水泵采用"后开式"结构，检修方便。IS型泵共有26个基本型号，126个规格，零部件通用化程度高达92%，使用维修方便。IS型泵在矿山主要用于井底水窝和采区局部排水等。

图5-15 IS泵的外形图

（一）IS型泵的结构

图5-16为IS型泵的结构图。IS型水泵主要由泵体、泵盖、叶轮、泵轴、密封环、填料密封部分和悬架轴承部件等组成。

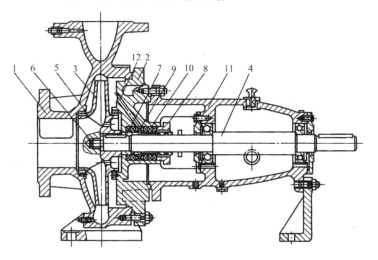

图5-16 IS型水泵的结构图

1—泵体；2—泵盖；3—叶轮；4—泵轴；5—密封环；6—叶轮螺母；7—轴套；

8—填料压盖；9—填料环；10—填料；11—悬架轴承部件；12—窜水孔

118

1. 泵体和泵盖

泵体和泵盖一般由灰口铸铁铸造加工而成。泵体内有螺线形流道，用来收集叶轮排出的水，并在螺线形扩散流道内把水的一部分动能转化为压力能。泵体下部加工有放水孔。泵盖中主要有填料室和窜水孔，少量的高压水通过窜水孔进入填料室，起到密封、冷却和润滑作用。

2. 叶轮

叶轮一般由灰口铸铁铸造加工而成。叶轮为轴向单侧进水，叶轮与泵体、泵盖之间的间隙用密封环密封。为平衡轴向推力，大多数 IS 泵叶轮前后均设有密封环，并在叶轮后盘设有平衡孔。有些小型泵，由于轴向推力不大，叶轮背面未设平衡孔。

3. 泵轴

泵轴一般用优质碳素钢锻造加工而成。泵轴一端固定叶轮，另一端接联轴器部件，并由两个滚动轴承支撑在悬架上。为避免轴磨损，在轴通过填料腔的部位装有轴套保护，轴套与轴之间装有 O 形密封圈，以防止进气、漏水。

4. 密封环

密封环一般由灰铸铁制成，用来减小叶轮与泵体、泵盖之间的摩擦磨损，并减少水的泄露，提高水泵的效率。

5. 填料密封部分

IS 泵填料密封部分由填料压盖8、填料环9和填料10组成。叶轮有平衡孔时，由于填料空腔通过平衡孔与叶轮入口相通，而叶轮入口为负压，空气很容易沿轴套 7 进到叶轮内部。因此，在填料腔内装有填料环，通过泵盖上的小孔（窜水孔 12）将泵室内的压力水引至填料环进行水封，并起到冷却、润滑作用。如果叶轮没有平衡孔，可不装填料环。

6. 悬架轴承部件

悬架轴承部件包括悬架、悬架支架、轴承及轴承压盖等。悬架由铸铁制成，内有轴承室，轴承室用来安装轴承，轴承用轴承压盖压紧。悬架支架用来支撑悬架，并安装在水泵的基础上。

（二）IS 泵型号的意义

以 IS80-65-160 和 IS80-65-160A 为例。

IS——国际标准离心泵；

80——泵进口直径，mm；

65——泵出口直径，mm；

160——叶轮名义直径，mm；

A——叶轮直径第一次切割。

第四节　矿井排水设备的经济运行

矿山排水设备电耗在矿山生产中占有很大的比重，一般为 15% ～ 30%，而涌水量较大的矿井可达 50%。据国外一家水泵生产厂家统计，水泵在整个服务年限内，人工费占 7%，维修费占 8%，而电费占 85%。因此，提高排水设备的效率，保证排水设备经济运行对降低电耗、节约能源，保证国民经济可持续发展，具有重要意义。

一、排水设备经济运行的评价

排水设备的经济性一般用吨水百米电耗进行评价。

所谓吨水百米电耗是指排水设备将 1 t 水提高 100 m 所消耗的电能，用 W_{t-100} 表示，单位为 kW · h/（t · 100）。

若水泵的工况参数为流量 Q_M、扬程 H_M、效率 η_M、传动效率 η_C、电动机效率 η_d、电网效率 η_w、实际扬程 H_c、矿水重度 γ，矿井年正常和最大涌水天数分别为 Z_H 和 Z_{max}，正常涌水和最大涌水期间水泵同时工作的台数和工作时间分别为 n_1、n_1+n_2 和 T_H、T_{max}，则年排水电耗 W 为

$$W = 1.05 \times \frac{\gamma Q_M H_M}{1000 \times 3600 \eta_M \eta_c \eta_d \eta_w} \left[n_1 Z_H T_H + (n_1 + n_2) Z_{max} T_{max} \right] \quad （5\text{-}1）$$

矿井年排水量 V（t/a）为

$$V = \frac{\gamma Q_M}{1000} \left[n_1 Z_H T_H + (n_1 + n_2) Z_{max} T_{max} \right] \quad （5\text{-}2）$$

从而有吨水百米电耗为

$$W_{t-100} = \frac{W}{V H_c} \times 100 = 1.05 \times \frac{H_M}{3.67 \eta_M \eta_c \eta_d \eta_w H_c} \quad （5\text{-}3）$$

二、排水系统效率

排水管路效率是指实际扬程和水泵工况点扬程的比值，用 η_g 表示。

$$\eta_g = H_c / H_M \quad （5\text{-}4）$$

排水系统效率是指水泵工况点效率、管路效率、电动机效率、电网效率和传动效率的乘积，用 η_p 表示。

$$\eta_p = \eta_M \eta_c \eta_d \eta_w \tag{5-5}$$

三、吨水百米电耗影响因素

从式（5-5）我们可以看出，吨水百米电耗取决于水泵工况点效率 η_M、管路效率 η_g、传动效率 η_c、电动机效率 η_d 及电网效率 η_w。一般来讲，电网的效率 η_w 主要取决于输电线路和输电设备，电动机效率 η_d 主要取决于功率因数，传动效率 η_c 取决于传动方式和方法，这几种效率变化不大。因此，要降低吨水百米电耗，主要应考虑水泵工况点效率 η_M 和管路效率 η_g。

水泵工况点是水泵特性曲线和管路特性曲线的交点。在额定流量下，水泵工况点效率最高。当大于或小于额定流量时，水泵工况点效率都会下降。管路效率取决于实际扬程 H_c 和工况点扬程 H_M，实际扬程 H_c 是不变的，而随着流量增大，水泵工况点扬程 H_M 减小，管路效率 η_g 提高。在水泵最高效率点左侧，随着工况点 M 向最高效率点移动，水泵效率 η_M 逐渐提高，管路效率 η_g 逐渐提高，而吨水百米电耗 W_{t-100} 逐渐降低；在水泵最高效率点右侧，随工况点 M 右移，水泵效率 η_M 逐渐下降，而管路效率 η_g 逐渐提高，但总的来讲，排水系统的效率 η_p 是逐渐提高的，而吨水百米电耗 W_{t-100} 是逐渐降低的。

因此，要降低吨水百米电耗 W_{t-100}，提高排水设备的经济性，就应设法提高水泵的效率和管路的效率。

四、提高排水设备经济运行的措施

（一）提高水泵的运行效率

①选用高效水泵。选择水泵时应选用新型、高效水泵，如选用 D 型水泵。用新型水泵替换原有的老产品，以提高水泵的效率。

②合理调节水泵工况点。如果水泵扬程过大，就会使管路效率降低，排水系统效率降低，可以采用降低水泵转速、减少叶轮数目或削短叶轮叶片长度等方法降低水泵扬程特性曲线，去除多余扬程，提高排水系统的效率等。

③提高水泵检修和装配质量。水泵检修和装配质量的高低，直接影响了水泵的性能。在水泵检修和装配时，工作人员应严格按照检修、装配规定和要求进行检修和装配，应及时对损坏零件进行维修或更换，各配合零件的间隙一定要符合规定，各密封部分应完好，轴承部分应润滑良好等。总之，要使相关工

作符合检修装配要求和水泵完好标准。

（二）降低排水管路阻力损失，提高排水管路的效率

①定期清除管路积垢。由于矿水中存在泥沙，所以在管路内壁会产生积垢，积垢后管子内径变小，管路阻力就会增大，管路效率降低。为提高系统效率，应定期清理管路积垢。清理管路积垢的方法很多，如盐酸清理法、碎石清理法、蒸汽清理法等，人们也可根据矿井排水的具体情况，找出新的、有效的清理方法。

②缩短排水管路长度。例如，把斜井排水改为钻孔垂直排水，虽然增加了一定的钻孔费用，但可以大大缩短管路的长度，不仅可以节约一定的管材费，还可以使管路的阻力损失减小，节约电耗。据资料统计，钻孔排水比斜井排水可节约电耗 12% ～ 36.5%。

③采用多管并联排水。采用多管并联排水，相当于增大了管路的直径，降低了管路的阻力损失，提高了管路的效率，降低了排水电耗，即在保证电动机不过载和水泵不发生汽蚀的情况下，可将备用管路投入运行，以达到节电的目的。

④选择管路时应适当加大排水管径。管路内径不同，阻力损失不同，管径越大，阻力损失越小。因此，在选择管路时，应选择较大内径的管子，并把工况点设计在额定工况点或工业利用区右侧，以减小排水管路阻力损失，提高管路效率。

（三）降低吸水管路阻力，改善吸水管路特性

①采用无底阀排水。无底阀排水可以减小吸水管路的阻力，从而节约因在吸水时克服底阀阻力而消耗的电能，即取消吸水管末端的底阀，增加喷射泵或真空泵；在水泵启动时，先利用喷射泵把水泵内和水管内的空气吸走，使水泵自动充水，然后启动水泵排水。但每个泵房至少要留一台有底阀的水泵。

②合理确定吸水高度，正确安装吸水管路。尽量减少管路附件，同时在吸水管靠近水泵入口处安装一段长度不少于其 3 倍管径的直管，使水流在泵入口处速度均匀，如需要安装异径管，则要选用长度等于或大于大小头直径差的 7 倍且为偏心的直角异径管，以保证吸水管路正常工作。

③选择较大直径的吸水管。采用较大直径的吸水管可以降低流速，减小吸水管路阻力损失，增大吸水高度，节约电耗。

（四）实行科学化管理

①简化排水系统。对于排水系统比较复杂的老矿井，可以对排水系统进行

重新优化设计，尽可能采用简单的排水系统，降低管路费用和排水耗电量。

②制定吸水井的清理制度。吸水井要做到定期、及时清理，以保证水泵系统良好的吸水条件，否则泥、沙、煤等杂物易埋塞滤网或被吸入水泵，增加吸水阻力，加速叶轮磨损，降低排水效率。

③合理确定开、停泵的时间。人们应根据矿井涌水量的大小和全矿用电负荷的变化情况，分别确定出高峰和低谷时开启水泵的台数及吸水井中的最高、最低水位，以在用电高峰之前将水排到最低水位，高峰负荷时，停泵或少开泵，并保持高水位排水，这样既可以平衡全矿的用电负荷，又可以节约用电。

④定期测定水泵性能，以获得水泵的实际运转性能。这对鉴定排水系统的布置和设备容量的配置是否合理，对鉴定检修质量、总结检修工作、改进检修方法，对人们及时掌握排水设备的性能变化，以便及时调节工况点，使之高效率地运转等都具有重要的意义。因此，水泵性能测定是矿山排水设备技术管理中的一项重要工作。

第五节　离心式水泵的操作与维护

一、离心式水泵的操作

（一）启动前的检查

①启动前，检查全部螺栓及管路连接是否完好、紧固。

②检查全部仪表、仪器及阀门是否正常。

③检查润滑油（脂）是否正常。

④检查电动机的接线、转向是否正确。

⑤检查转动泵的转子是否灵活。

（二）水泵启动

1. 灌水

①排水泵有底阀时，应先打开灌水阀和放气阀，向泵体内灌水，直至泵体内空气全部被排出（放气阀的排气孔见水），然后关闭以上各阀。

②若采用无底阀排水泵时，应先开动真空泵或射流泵，将泵体、吸水管抽到一定真空度（真空表稳定在相应的读数上）之后再停止真空泵或射流泵。

采用正压排水时，应先打开进水管的阀门，然后打开放气阀，直到放气阀的排气孔见水再关闭放气阀。

2. 启动电动机

①启动高压电器设备前必须戴好绝缘手套，穿好绝缘靴。

②鼠笼型电动机直接启动时，合上电源开关，待电流达到正常时，打开水泵出水口阀门。

③绕线型电动机启动时，应先将电动机滑环手把打到"启动"位置上，合上电源开关，待启动电流逐渐回落时，逐级切除启动电阻，使转子短路，并将电动机滑环手把打到"运行"位置，电动机达到正常转速，最后将启动器手把扳回"停止"位置。

④鼠笼电动机用补偿器启动时，先将手把打到"启动"位置，待电动机达到一定转速，电流返回时，由启动柜自动（或手动）切除全部电抗，此时电动机进入正常运行。

3. 操作闸门

待电动机达到正常状态时，慢慢将水泵排水管上的闸阀全部打开，同时注意观察真空表、压力表、电压表、电流表的指示是否正常。若一切正常表明启动完毕；若声音及仪表指示表明水泵没上水，此时应停止水泵电动机运行，重新启动。为了避免水泵发热，在关闭闸阀时，水泵运转时间不能超过 3 min。

如水泵在未灌注引水或灌注引水不够的情况下启动，即使水泵达到了额定转速也会因腔内存有空气而无法产生将水吸入水泵内的真空度。除此之外，在无水情况下，填料箱中的填料与轴摩擦有可能导致定子与转子间的热胶合。因此，必须在泵腔和吸水管中充满水的情况下启动水泵。

关闭闸阀启动水泵的原因是由于离心式水泵的轴功率曲线在零流量时有最小值，这样可达到减小启动电流的目的。但水泵不能长时间在零流量情况下运转，否则会强烈发热。

4. 水泵运行

①水泵只能在规定的参数范围内运行，特别是流量不能超出工业利用区右侧，否则会使电动机过载，也易发生汽蚀。

②工作人员要经常观察电压、电流是否正常。当电流、电压的变化超出 ±5% 范围时，应停车检查原因，并进行处理。

③检查轴承温度是否正常，润滑是否良好。轴承温度一般不超过 75 ℃ 或按厂家规定。

④经常观察压力表、真空表的指示是否正常，以确定水泵的扬程是否满足要求，水泵是否有汽蚀现象。

⑤注意声音及震动情况，检查螺栓及连接部分是否有松动，是否有汽蚀噪声。

⑥检查水泵的填料密封情况，检查填料箱的温度是否正常，填料压紧程度是否合适。

⑦检查回水管是否畅通，水量是否正常，检查吸水井水位变化情况，底阀或滤水器应在水面以下 0.5 m。

⑧准确填写运行记录，并定期总结。

（三）停泵

1. 水泵的正常停机

①慢慢关闭闸阀使水泵进入空转状态。

②关闭压力表和真空表止压阀。

③切断电动机的电源使电动机停止运行。

2. 水泵运行中的故障停机

水泵运行中出现下列情况之一时，应紧急停机。

①水泵和电机发生异常振动或有故障性异响。

②水泵不上水。

③泵体漏水或闸阀、法兰喷水。

④启动时间过长，电流不返回。

⑤电动机冒烟、冒火。

⑥电源断电。

⑦电流值明显超限。

⑧其他紧急事故。

紧急停机按以下程序进行。

①拉开负荷开关，停止电动机运行。

②若电源断电停机，则要拉开电源刀闸。

③关闭水泵出水闸门。

④上报主管部门，并做好记录。

3. 水泵应经常检修

工作泵和备用泵应交替运行；对于不经常运行的水泵（或水泵升井大修）的电动机，应每隔 10 天空转 2～3 h，以防潮湿；长期停泵时应将水泵内的水放掉，以防锈蚀或冻裂。

二、离心式水泵的维护

为保证排水设备安全经济运行，排水设备必须经常进行维护、检修。维护和检修项目及每次维修的间隔时间取决于水泵的工作条件和水泵的运行状况。

水泵的维护工作应做到"五勤、五查、三精、三听、三看"。

五勤：勤看、勤听、勤摸、勤修、勤联系。

五查：查各部螺栓销子；查油量、油质；查各轴承温度；查安全设备和电气设备；查闸阀、逆止阀、回水管和填料。

三精：精力集中；精通业务；精益求精。

三听：听取上班交接情况；听取别人反映；听机器运转声音。

三看：看水位高低；看仪表读数；看油圈转动情况。

人们要定期检查水泵的性能（如流量、扬程、振动等）并做好记录，按记录数据去分析水泵是否正常工作，是否需要维修，或确定要维修的部位，要坚持精确的测试、记录并定期分析总结。

主排水泵的维护检修分为小修、中修和大修。中修一般为 6 个月，大修一般为 12 个月。一般来讲，雨雪季节煤矿井下的涌水量最大，水泵的中修、大修最好在雨雪季节前进行，检修工作还包括备用水泵的检修工作。

除中修、大修外，以下的维护是要经常进行的。

①检查水泵底座、泵、电动机是否紧固；

②检查仪表、引线的状况；

③检查管路是否泄漏、松动或有无其他形式的损坏，如需维修应立即进行；

④检查填料及压紧情况，压盖太紧会影响填料使用寿命；

⑤轴承的润滑油一般要求每工作 1000～1500 h 应更换 1 次，或按厂家规定进行更换。

水泵的维修应根据矿井的具体情况，总结经验，得到更换零部件、中修、大修的可靠间隔时间，如有些矿井泥沙含量较大，叶轮、平衡盘等磨损较大，更换叶轮和平衡盘的间隔时间就较短，清理回水管的时间也短。管路的维护、检修时间间隔也不同，如果积垢严重、矿水酸性较强，管路的维护、检修时间间隔就应缩短。因此，要根据矿井的实际情况，制定出维修制度，并严格按照维修制度进行维护、检修，确保排水设备高效稳定工作，保证生产安全、正常进行。

三、离心式水泵的拆卸与装配

（一）水泵的拆卸

1. 拆卸前的准备工作及拆卸注意事项

拆卸与装配前，应选择好拆卸地点，并准备好拆卸与装配工具、清洗材料（如煤油、汽油、棉布、棉纱、刮刀等）、支撑中段的木楔及保护、装配用保护油、润滑脂等。如在现场进行拆装，首先要拆去妨碍拆卸的附属管路，并放掉泵壳内的水，拆开联轴器，移去电动机等。拆卸时，一定要注意保护零件，并且应分类放置，不能乱丢、乱放，以免零件损坏和丢失。

2. 拆卸顺序（以 D 型水泵为例）

①轴承体拆卸：先拆除联轴器，再卸下泵轴两侧的轴承端盖，拧下花螺帽，卸下轴承体的连接螺栓，取下轴承体，然后将滚动轴承、挡水圈、短轴套和 O 形耐油橡胶密封圈取下。

②填料压盖拆卸：拧下压盖与泵体间的连接螺栓，并沿轴向推出压盖，然后取出填料。

③尾盖拆卸：拧下尾盖与排水段之间的连接螺栓即可卸下尾盖，然后把平衡盘和平衡座等拆下。

④拉紧螺栓拆卸：拧下拉紧螺栓两端的螺母即可抽出。

⑤排水段拆卸：用手锤轻敲排水段的凸缘，使之松脱后即可拆下。

⑥叶轮拆卸：自泵轴上取下叶轮时，应用手拆卸，如卸不下来，切不可猛敲硬打，可用木槌沿叶轮四周轻敲，使其松动，然后用撬棒斜插入叶轮流道内，并应尽量靠近轮叶，然后再用手锤轻轻敲打撬棒，以取出叶轮。

⑦中段拆卸：用撬棒沿中段四周撬动即可卸下。

中段卸下后，取下小口环，然后按顺序继续拆卸，直至进水段。

在拆卸过程中应注意，几个中段拆下后，轴就处于悬臂状态。为了防止弯曲，应加设临时支撑。此外，拆下的叶轮、键、中段等零部件都应编号放置，以免弄错。

在拆卸水泵时，有时会遇到水垢多、叶轮和轴等相互连接的零件锈蚀严重、不易拆开的情况。这时，应先刮掉水垢、铁锈等杂物，然后用煤油适当润滑接触部位，再用木槌、铝锤或铜锤轻轻敲打取下。若仍有困难，可借助拆卸器拆卸。但必须注意，决不可用大锤乱打乱敲。

3. 拆卸零件清洗

①刮去叶轮内外表面及密封环等处所积存的水垢和铁锈，再用水清洗，并检查叶轮内部有无杂物堵塞，叶片有无损伤，有无麻面或蜂窝孔。

②清洗泵体各结合面上积存的油垢及铁锈。

③清洗水封管并检查管内是否畅通。

④刮去轴承内油垢，用汽油清洗滚柱轴承，并检查轴承的磨损情况。

⑤如果水泵不是立即进行装配，应在清洗后的零件结合面上涂上保护油。

（二）水泵的装配

水泵的装配质量对其性能的影响特别明显。各个叶轮的出口中心必须对准导水圈的进口中心，稍有偏差，水泵的性能便受到影响。此外，水泵的转动部分与固定部分之间的密封间隙也有严格规定。间隙过小，则会引起零件磨损或水泵振动，以至水泵使用寿命缩短；间隙过大，则导致漏水增加，降低水泵效率。因此在装配时，人们必须按要求对所有不符合规定的偏差进行调整。D 型水泵的装配顺序如下。

①将大口环装在进水段和中间段上，并把小口环装在所有中间段上。

②将平衡座装在排水段上。

③将装好进水段轴套和键的轴穿过进水段，并顺键推入叶轮，在中间段上铺一层青壳纸，装上中间段和另一键，再顺键推入另一叶轮，不断重复以上步骤，将所有叶轮和中间段装完。

④将出水段装到中间段上，然后用拉紧螺栓将进水段、中间段、出水段紧固在一起，并均匀、牢固地拧紧。

⑤装上平衡盘和泵轴两侧的轴套及密封圈，并将尾盖用螺栓固定于排水段上。

⑥顺次在两端填料箱内放入填料和水封环，并装上填料压盖和挡水圈。

⑦把轴承体装在水泵前后段上，然后装上滚动轴承。在轴承内加入黄油，并装上两端侧盖，拧上侧盖螺母。装好后，转动一下泵轴，检查转子部分是否灵活。如转动灵活，表明装配良好；若很紧，则表明装配差，应检查调整。同时人们还应检查泵轴窜量。

⑧在泵轴两端的填料箱内放入水封环外侧的填料，拧上填料压盖，并注意水封环中心孔与水封管应对正。

⑨装上水封管、回水管、联轴器和所有四方螺塞，最后再转动泵轴，观察填料的松紧程度。

四、离心式水泵的常见故障分析与处理方法

水泵在运行中产生故障是不可避免的，了解离心式水泵的常见故障，分析产生的原因，拟出相应的排除方法，对保证水泵安全、正常运行具有重要意义。离心式水泵在运转中的常见故障、产生原因及处理方法见表5-1。

表 5-1　离心式水泵运转中的常见故障、产生原因及处理方法

常见故障	产生原因	处理方法
泵不吸水，压力表及真空表指针剧烈跳动	灌注引水不够；吸水管或仪表连接处漏气	灌足引水；检查吸水管及仪表接头，堵住漏气处
泵不吸水，真空表指示高度真空	底阀没有打开或已堵塞；吸水管路阻力太大；吸水高度过高	清理底阀；清洗或更换吸水管；降低吸水高度
压力表有压力，但仍不出水	排水管阻力太大；叶轮流道堵塞或损坏；旋转方向不对；泵转速不够	清理或缩短排水管道；清除叶轮内的污物或更换叶轮；检查电动机旋转方向；增大转速
流量和扬程下降	水泵堵塞；密封环磨损；转速不够	检查清理叶轮或清洗泵吸、排水管道；更换密封环；增加泵转速
泵消耗功率过大，电动机功率增加，填料箱发热	填料压得太紧；泵的转子与定子摩擦，叶轮与固定部分摩擦；泵流量增大；密封环损坏	调整填料压盖松紧程度；检查泵轴是否位置不正；检查摩擦零件；关小出水闸阀，减小流量；更换密封环
水泵振动，轴承过热	电动机与泵轴不同心，泵轴弯曲；轴承损坏；基础薄弱，地脚螺栓松动；发生汽蚀；轴承润滑油脂不足或过多，油品不对	调整电动机轴与泵轴的同轴度，检查泵轴；检查并更换轴承；加固基础，拧紧地脚螺栓；降低水温和吸水高度，排除汽蚀；检查并更换合适的润滑油脂
泵内声音异常，吸不上水	吸水高度过高；吸水管阻力过大；吸水管漏气；流量过大，发生汽蚀	降低安装高度；降低吸水管阻力；堵住漏气；减小流量，排除汽蚀
不启动	电动机故障；异物进入泵内，转动部分被卡死；不满足启动条件	检查电动机并排除故障；清除泵内异物；按要求顺序逐条检查

第六节　矿井排水设备的选型

一、选型设计的任务

选型设计的任务是根据矿井的具体条件，在现有产品中对水泵机组与管路进行合理选择，保证排水设备安全、可靠、经济运行。设计必须符合《煤矿安全规程》对排水设备的有关规定。其具体包括以下几个步骤。

①确定排水系统。

②选择排水设备。

③经济核算。

④绘制泵房设备布置图。

⑤绘制管路布置图。

二、设计的原始资料

①矿井开拓方式。

②井口标高及各开采水平标高。

③矿井同时开采水平数，各水平的正常和最大涌水量及出现的时间。

④矿水的物理化学性质（主要有温度、重度、泥沙含量及 pH 值等）。

⑤矿井供电电压、瓦斯等级。

⑥井底车场布置图。

⑦矿井年产量及服务年限。

三、排水设备的选型

（一）水泵的选择

人们要根据水泵的必需排水量 Q 和必需排水扬程 H，从现有产品中选择水泵，最好 1 台就能达到正常涌水时的排水要求。选择水泵时应优先选用工作可靠、性能好、体积小、价格便宜，并与本单位技术能力相适应的产品。当矿水的 pH 值小于 5 时，应选用耐酸水泵；当矿水泥沙含量较大时，应考虑选用耐磨水泵。在选择水泵时，可能有多种型号的产品符合要求，具体选用哪种型号的产品，应通过稳定性校验和技术经济比较后确定。

（二）管路的选择

1. 管路趟数的确定

管路趟数应根据《煤矿安全规程》的有关规定及所选水泵台数确定。管路至少应有 2 趟，一般也不宜超过 4 趟。

2. 管路在泵房内的布置

管路在泵房内的布置形式应根据水泵台数和所选管路的趟数确定。

如图 5-17 所示为常见矿井排水管路在泵房内布置示意图。图 5-17（a）为三台水泵二趟管路的布置方式，图 5-17(b)为五台水泵三趟管路布置方式。另外，也有五台水泵四趟管路的布置方式等。但是，不论采用哪种布置方式，都应使任意一台水泵能用任意一趟管路排水。

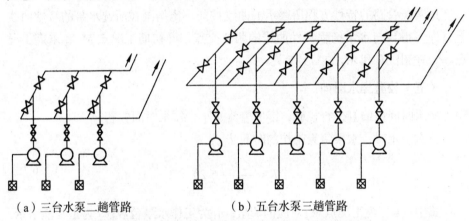

（a）三台水泵二趟管路　　　　　　（b）五台水泵三趟管路

图 5-17　常见矿井排水管路在泵房内布置示意图

3. 管径计算及管材选择

（1）管径计算

管径对排水的影响是，管路直径越大，损失越小，但用于管路的投资费用越高；管路直径越小，损失越大，但用于管路的投资费用越低。一般来讲，选定的管路直径应使工况运行在额定工况下较好。但是，考虑管路运行后的积垢使管径缩小等问题，管径最好选大些，设计在工业利用区右侧较合理，但应注意电动机过载和吸水高度问题。管径一般按经济流速进行选择。

（2）管材选择

管材选择的主要依据是管路的承压大小。管路承压大小与井深成正比。一般情况下，当井深小于 200 m 时多采用焊接钢管；井深超过 200 m 时多采用无缝钢管。

当排水高度小于 200 m 时，可选用管壁较薄的管路，这时管壁承压强度不需要校验；当排水高度大于 200 m 时，可选用管壁较厚的，这时管壁承压强度应进行校验。

（三）计算管路特性方程

计算管路特性方程时，应按最长一趟管路进行计算。计算时，首先确定排水管长度和吸水管长度，以及这趟管路上所有局部管件的种类和数量，准确计算出管路阻力系数 R。排水管的实际长度：泵房内的长度，一般取 20～30 m；管道中的长度，一般取 20～30 m；井筒内的长度，按实际取；井口出水管的长度，一般取 15～20 m。吸水管的长度一般取 8 m 左右。

（四）确定水泵工况点

把两条管路的特性方程所表示的曲线按同一比例画在所选水泵的特性曲线上，即可得到与水泵扬程特性曲线的两个交点，即初期工况点 M_1 和末期工况点 M_2。查出 M_1 和 M_2 的工况参数。

（五）校验排水时间

排水时间按旧管进行校验，因旧管流量小，排水时间较新管长。

正常涌水时，水泵每天工作的时间 T_2 为

$$T_2 = \frac{24q}{n_1 Q_{M_2}} \leqslant 20 \qquad (5\text{-}6)$$

式中：Q_{M_2} 为工况点 M_2 对应的流量；n_1 为工作水泵台数；q 为正常涌水量。

最大涌水时，水泵每天工作的时间 $T_{2\max}$ 为

$$T_{2\max} = \frac{24q_{\max}}{(n_1 + n_2) Q_{M_2}} \leqslant 20 \qquad (5\text{-}7)$$

式中：$q_{\max}$ 为最大涌水量；n_2 为备用水泵台数。

（六）电动机容量的验算

如果电动机是配套电动机，工况点又在工业利用区内，则不需要验算电动机容量。当工况点超过工业利用区右侧，或者用户要自配电动机、更换电动机等，电动机容量 N_d 按下式计算。

$$N_d = K \frac{N_{aM_1}}{\eta_c} \qquad (5\text{-}8)$$

式中：N_d 为电动机容量；N_{aM_1} 为工况点 M_1 对应的轴功率，kW；η_c 为传动效率，皮带取 0.95，弹性联轴器取 0.98，直联取 1；K 表示备用系数。

（七）电耗计算

年电耗按式（5-1）计算。吨水百米电耗按式（5-3）计算。

第六章 矿井通风设备

第一节 概 述

一、矿井通风设备的任务及要求

（一）矿井通风设备的任务

煤矿地下开采过程中，煤层中所含的有毒气体会涌到巷道中，同时会产生大量易燃、易爆的煤尘。由于地热和机电设备散发的热量，井下空气温度和湿度也随之增高。这些有毒的气体、过高的温度以及容易引起爆炸的煤尘和瓦斯，不但严重影响井下工作人员的身体健康，而且对矿井安全生产也造成了很大威胁。为了保证井下工作人员的健康和矿井安全生产，必须使用通风设备将有害气体排出去，并且吸入新鲜空气。我国《煤矿安全规程》对井下有害气体的浓度、矿井需要的风量、井巷中最高风速和采掘工作面等地点的最高温度都做出了严格规定。

《煤矿安全规程》规定，井下空气成分必须符合下列要求。

①采掘工作面的进风流中，氧气浓度不低于 20%，二氧化碳浓度不超过0.5%。

②有害气体的浓度不超过表 6-1 的规定。

表 6-1　矿井有害气体最高允许浓度

名称	最高允许浓度 / %
一氧化碳（CO）	0.0024
氧化氮（换算成二氧化氮 NO_2）	0.00025
二氧化硫（SO_2）	0.0005

续表

名称	最高允许浓度 / %
硫化氢（H_2S）	0.00066
氨（NH_3）	0.004

瓦斯、二氧化碳和氢气的允许浓度按《煤矿安全规程》的有关规定执行。矿井中所有气体的浓度均按体积的百分比计算。

矿井通风设备的任务就是向井下输送足量的新鲜空气，将涌入工作面和巷道中的有毒有害气体的浓度稀释到没有危害的程度并排送到地面，保证井下所需风量，调节温度和湿度，改善井下工作环境，保证煤矿生产安全。

（二）对通风设备的要求

《煤矿安全规程》第一百五十八条规定：矿井必须采用机械通风。

主要通风机的安装和使用应符合下列要求。

①主要通风机必须安装在地面，装有通风机的井口必须封闭严密，其外部漏风率在无提升设备时不得超过 5%，有提升设备时不得超过 15%。

②必须保证主要通风机连续运转。

③必须安装两套同等能力的主要通风机装置，其中一套作为备用，备用通风机必须能在 10 min 内开动。在建井期间可安装一套通风机和一部备用电动机。生产矿井现有的两套不同能力的主要通风机在满足生产要求时，可继续使用。

④严禁采用局部通风机或通风机群作为主要通风机使用。

⑤装有主要通风机的出风井口应安装防爆门，防爆门每 6 个月检查维修一次。

⑥至少每月检查一次主要通风机，改变通风机转数或叶片角度时，必须经技术负责人批准。

⑦新安装的主要通风机投入使用前，必须进行 1 次通风机性能测定和试运转，以后每五年至少进行一次性能测定。

《煤矿安全规程》第一百五十九条规定：生产矿井主要通风机必须装有反风设施，并能在 10 min 内改变巷道中的风流方向；当风流方向改变后，主要通风机的供给风量不应小于正常供风量的 40%。

《煤矿安全规程》第一百六十条规定：严禁主要通风机房兼作他用。

主要通风房内必须安装水柱计、电流表、电压表、轴承温度计等仪表，还必须有直通矿调度室的电话，并有反风操作系统图、司机岗位责任制和操作规程。主要通风机应由专职司机负责，司机应每小时将通风机运转情况记入运转记录簿内，若发现异常，应立即报告。

为保证矿井安全生产，通风机必须安全、可靠地运行。在选择通风机时，应根据矿井的实际情况选择性能可靠、工作稳定的通风设备，以保证能向矿井输送足够的风量和风压。通风设备是矿井设备中耗电较大的设备，人们不仅要选择高效通风机，而且在运行中要对通风机进行合理的调节，使之在高效工况下运行。

为保证通风机安全、可靠地运行，除严格执行《煤矿安全规程》对通风设备的要求外，还应建立健全设备维护保养制度及日常维护与定期维修制度，明确其内容，相关工作人员应严格遵守制度规定，并做好维护与检修记录。

二、矿井通风系统与通风方式

矿井通风设备包括通风机、电气设备、通风网络及辅助装置。矿井通风分为自然通风和机械通风两种方法。自然通风是利用矿井内外温度不同及出风井与进风井的高差所造成的压力差使空气流动。自然通风的风压比较小，并受季节和气候的影响较大，不能保证矿井需要的风压和风量，因此《煤矿安全规程》规定矿井生产必须采用机械通风。

机械通风可分为抽出式和压入式两种。抽出式通风是将通风机进风口与出风井相连，把新鲜空气抽入井下，将井下污风抽出地面。矿井抽出式机械通风方式，如图6-1所示。

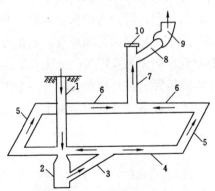

图6-1　矿井抽出式机械通风方式示意图

1—风井；2—井底车场；3—石门；4—运输平巷；5—采煤工作面；6—回风巷；

7—出风井；8—风硐；9—通风机；10—风门

装在地面的通风机9运行时，在其入口处会产生一定的负压，由于外部大气压力的作用，迫使新鲜空气进入风井1，空气流经井底车场2、石门3、运输平巷 4, 到达采煤工作面 5, 与工作面的有害气体及煤尘混合变成污浊气体后, 沿回风巷 6、出风井 7、风硐 8, 最后由通风机 9 排出地面。通风机连续不断地运转, 新鲜空气不断流入矿井, 污浊空气又不断地排出, 在井巷中形成连续的风流, 从而达到通风目的。

图 6-2 为矿井压入式机械通风方式, 是将地面的新鲜空气由通风机压入井工巷道和工作面, 而污浊空气由风井排出的方式。目前, 煤矿通常采用抽出式通风方式。

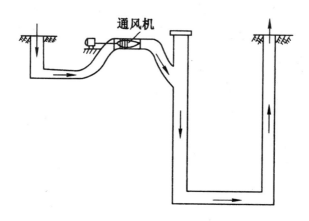

图 6-2　矿井压入式机械通风方式示意图

连接在一起的所有通风巷道及通风机构成了矿井通风系统。矿井通风系统按矿井通风机布置方式的不同, 可分为中央并列式、对角式和中央边界式三种通风系统。图 6-3 (a) 为中央并列式通风系统, 其特点是进风井和出风井均在通风系统中部, 一般布置在同一工业广场内。图 6-3 (b) 为对角式通风系统, 利用中央主要井筒作为进风井, 在井田两翼各开一个出风井进行抽出式通风。图 6-3 (c) 为中央边界式通风系统, 利用中央主要井筒作为进风井, 在井田边界开一个出风井进行抽出式通风。

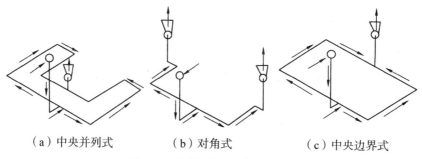

(a) 中央并列式　　　　　(b) 对角式　　　　　(c) 中央边界式

图 6-3　矿井通风系统示意图

三、矿井通风机的分类

按服务范围通风机可分为主要通风机和局部通风机。主要通风机是负责全矿井或某一区域通风任务的通风机，局部通风机是负责掘进工作面或加强采煤工作面通风用的通风机。

按空气在通风机叶轮内部的流动方向通风机分为离心式通风机和轴流式通风机。气体沿轴向进入叶轮，并沿径向流出的通风机称为离心式通风机，如图6-4所示。气体沿轴向进入叶轮，仍沿轴向流出的通风机称为轴流式通风机，如图6-5所示。

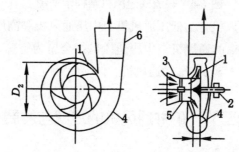

图6-4　离心式通风机结构示意图

1—叶轮；2—轴；3—进风口；4—机壳；5—前导器；6—锥形扩散器

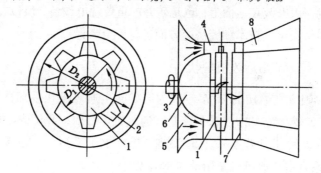

图6-5　轴流式通风机结构示意图

1—轮毂；2—叶片；3—轴；4—外壳；5—集流器；6—流线体；7—整流器；8—扩散器

按叶轮数目通风机可分为单级通风机和双级通风机。单级通风机内只有1个叶轮，如图6-6（a）所示，双级通风机内有2个叶轮，如图6-6（b）所示。

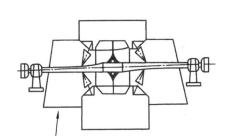 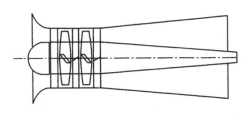

（a）单级、双侧进风通风机　　　　　　（b）双级轴流式通风机

图 6-6　轴流式通风机结构示意图

按产生的风压通风机分为低压通风机、中压通风机和高压通风机。低压通风机指全压小于 1 kPa 的通风机；中压通风机指全压为 1 ～ 3 kPa 的通风机；高压通风机指全压为 3 ～ 5 kPa 的通风机。

第二节　矿井通风机的现状与发展

通风机担负着整个矿井或矿井的一翼或一个较大区域的通风工作，必须昼夜运转。它与矿井安全生产和井下工作人员的身体健康、生命安全关系极大。主通风机一般安装在地面上，也是矿井的重要耗电设备，所以在选用通风机时，人们必须从安全、技术和经济等方面进行综合考虑。

一、我国矿用通风机现状

新中国成立最初的 20 多年，国内矿井主通风机几乎都是仿制苏联 BY 系列的 70B2 型及老式的 G 系列离心式通风机。目前，我国煤矿使用的主通风机种类繁多，性能参差不齐。2K 系列、BD（K）系列、GAF 系列、G4-73 系列及 4-72 系列占总通风机使用量的 90% 以上。

2K 系列通风机是我国煤矿用量较大的一类双级叶轮通风机，该类通风机叶片为机翼形扭曲状，叶片角度也可以在较大范围内进行有级或无级调节，且均可直接反转反风。该类通风机在低压力、大风量的矿井通风面上应用较多。其刹车等辅助装置齐全，静压效率最高在 75% 以上。但其气动噪声较大，限制了其发展。很多厂商对 2K 产品性能进行了优化，经工业性运转试验并达到要求后，它们已经得到了广泛应用，很大程度上提高了我国常规型号的矿井主通风机的安全可靠性。

随着煤矿通风机技术不断发展进步，出现了大量新型高效节能的矿用通风机，BD（K）系列通风机就是其中一种，其具有传动损耗小、效率高和范围宽等优点。现在该系列通风机技术已较为成熟，测得其最大静压效率已经达到86%，其装置的现场实测静压效率可达77%。另一种在国内应用较多的新型高效节能矿用通风机是 GAF 系列新型轴流式通风机。该系列通风机结合了国内的实际情况，特别适用于需要经常改变运行工况的矿井使用。

我国矿井使用的离心式通风机主要有 G4-73、K4-73、Y4-73 和 4-72 等系列，种类较多，但其共有的优点也较为突出，如特性曲线较平缓、运行噪声较小、效率高等。该类通风机适应性较好，应用广泛，运行时可以通过调节门及配置不同转速的电机或电机调速来改变运行工况。其中 4-72 系列离心式通风机主要用于风量和通风阻力不大的中小型矿井，其机型较小，配置电机容量相对也小，适用于低压供电的煤矿通风系统，多应用在国内小型煤矿通风系统中。

二、矿用通风机发展趋势

目前我国的矿用通风机得到了快速的发展，给通风机行业带了发展空间，同时通风机行业也将面临巨大的竞争压力。为满足矿用通风机的需要，有关专家提出了以下发展方向。

①重视基础理论研究，提高产品的性能，促进新技术的研发和应用。目前，国家正在进一步加强煤矿用局部通风机的安全标志管理工作。因此，生产企业应按国家的相关规定积极办理安全标志证。

②加强专业化生产，应用国外先进的设计方法，提高工艺水准。生产企业应进一步完善生产设备、加工工艺，提高加工水平，进一步加强对新技术、新材料和新工艺的研究。

③改进通风机设备，增强通风机的叶轮和机壳的耐磨性，实现通风机的变转速调节及自动化调节，加快动叶可调的轴流通风机的研发进程，用其代替大型离心通风机。

④加快高效节能低噪产品的研究进程。作为矿井安全设备，矿井主通风机需要每天保证运行，资源消耗巨大，因此对节电、低噪型通风机的研究就显得十分重要。

⑤加快通风机的优化控制调节。在计算机技术和人工智能均发展到一定水平的今天，对通风设备的电脑优化控制调节，成为通风设备未来发展的趋势之一。

⑥发展诊断维修技术。通风机应用十分广泛，因此设备的诊断和维修是必不可少的。目前，矿用通风系统工况监测系统正在快速发展。

随着社会的不断发展，矿井理想的主通风机设备会越来越多，局部通风机的功能也会日趋强大。设备的安全可靠性高、高效节能、低噪、高自动化和安装简便等是矿井通风机的发展趋势。近年来，国内研发了大量的新型矿井通风机设备，先进技术得到了广泛应用，新型设备在使用过程中取得了很好的效果。尽管如此，矿井通风设备依然存在一定的问题，加强理论研究和技术改进变得极其重要，只有如此，我国矿用通风机设备的生产和应用才能得到不断发展。

第三节　矿井通风机的结构及工作原理

一、矿井通风机工作理论

（一）通风机的工作原理

离心式通风机（图 6-7）主要部件有叶轮 1、机壳 4、扩散器 6 等。其中，叶轮 1 是传送能量的关键部件，它由前盘、后盘和均布在其间的弯曲叶片组成，如图 6-8 所示。当叶轮 1 被电动机拖动旋转时，叶片流道间的空气受叶片的推动随之旋转，并在离心力的作用下，由叶轮中心以较高的速度被抛向轮缘，进入螺旋机壳 4 后经扩散器 6 排出。与此同时，叶轮入口处形成负压，外部空气在大气压力作用下，经进风口 3 进入叶轮，叶轮连续旋转，形成连续的风流。

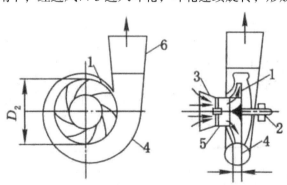

图 6-7　离心式通风机示意图

1—叶轮；2—轴；3—进风口；4—机壳；5—前导器；6—扩散器

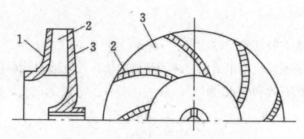

图 6-8 叶轮结构示意图

1—前盘；2—叶片；3—后盘

轴流式通风机（图 6-9）主要部件有叶轮 3、5，导叶 2、4、6，机壳 10，主轴 8 等。当电动机带动叶轮旋转时，叶轮流道中的气体受到叶片的作用而增加能量，经固定的各导叶校正流动方向后，以接近轴向的方向通过扩散器 7 排出。

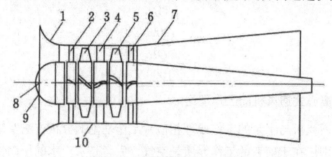

图 6-9 轴流式通风机示意图

1—集流器；2—前导叶；3—第一级叶轮；4—中导叶；5—第二级叶轮；6—后导叶；

7—扩散器；8—主轴；9—疏流器；10—机壳

（二）通风机的特性参数

通风机特性参数主要有风压 H、风量 Q、转速 n、功率 N、效率 η 等，其含义与水泵对应的特性参数基本相同，下面做一简要说明。

1. 风压

风压表示介质通过通风机所获得的能量大小，单位为 Pa。通风机风压又可分为全压 H、静压 H_{st} 和动压 H_d，它们分别指单位体积气体从通风机获得的全部能量、势能和动能，三者的关系为

$$H = H_{st} + H_d \qquad\qquad (6\text{-}1)$$

2. 风量

风量指单位时间内通风机输送气体的体积，一般用 Q 表示，单位为 m^3/s。

3. 功率

功率又分为有效功率和轴功率。

因为风压是通风机输出给单位体积气体的功，而流量 Q 为单位时间内输出气体的体积，则有效功率 N_e 为

$$N_e = \frac{QH}{1000} \tag{6-2}$$

轴功率是指原动机输入的功率，用 N 表示，单位为 kW。

4. 效率

效率是有效功率与轴功率之比，分为全压效率 η 和静压效率 η_{st}，表达式分别为

$$\eta = \frac{QH}{1000N} \tag{6-3}$$

$$\eta_{st} = \frac{QH_{st}}{1000N} \tag{6-4}$$

（三）离心式通风机的工作理论

离心式通风机与水泵的工作原理相似，工作理论的分析方法及结论也基本相同，其区别仅在于前者的工作介质是空气，后者是水。水的压缩性很小，可视为不可压缩的流体。气体虽是可压缩的，但因通风机所产生的风压很小，气体流经通风机时密度变化不大，气体压缩性的影响也可忽略，因此离心式通风机的速度图及计算公式与离心式水泵基本相同。下面直接将离心式水泵工作理论的有关公式进行相应变动（扬程改为风压）而运用在离心式通风机工作理论的讨论中。

离心式通风机的理论全压 H_T 为

$$H_T = \rho(u_2 c_{2u} - u_1 c_{1u}) \tag{6-5}$$

式中：ρ 为空气密度，kg/m^3；u_1，u_2 为通风机进、出口处的圆周速度，m/s；c_{1u}，c_{2u} 为进口绝对速度 c_1 和出口绝对速度 c_2 在圆周方向的分速度，又称为进口和出口的扭曲速度，m/s。

式（6-5）即为离心式通风机的理论全压方程式。当叶轮前无前导器时，其进口绝对速度 c_1 为径向，故 $c_{1u}=0$。此时，离心式通风机的理论风压方程式变为

$$H_T = \rho u_2 c_{2u} \tag{6-6}$$

为了通过调节气流在叶片入口处的切向速度 c_{1u} 来调节通风机特性，可在叶轮入口前装前导器（图6-7），用以调节切向速度 c_{1u}。

离心式通风机的叶轮也有前弯叶片、径向叶片和后弯叶片三种类型。其特性同离心式水泵叶轮的三种相应型式一样，即前弯叶片的叶轮在尺寸和转速相同的条件下所产生的理论风压最高，但流动损失最大，效率最低；后弯叶片的叶轮虽产生的理论风压最低，但效率最高；径向叶片的叶轮产生的理论风压和效率都居中。由于矿井通风设备是长时间连续运转的大功率机电设备，为了减少通风电耗，大多数矿用离心式通风机都采用后弯叶片的叶轮。

同推导水泵的理论扬程与理论流量关系式的方法一样，离心式通风机理论全压与理论流量的关系式为

$$H_T = \rho u_2^2 - \rho u_2 \frac{\cot \beta_2}{\pi D_2 b_2} Q_T \qquad (6\text{-}7)$$

式中：D_2 为通风机叶轮外径，m；b_2 为通风机叶轮出口宽度，m；β_2 为叶轮叶片的出口安装角；Q_T 为离心式通风机在叶片无限多且无限薄时的理论流量，m^3/s。

由于影响气体流动的因素是极为复杂的，用解析法精确确定通风机的各种损失也是极困难的，所以在实际应用中，通风机在某一转速下的实际流量、实际压力、实际功率只能通过试验方法求出，而效率可通过式（6-3）求得。根据试验数据，人们可以绘制离心式通风机的实际特性曲线（图6-10），其中包括全压曲线 H、轴功率曲线 N 和效率曲线 η 等。

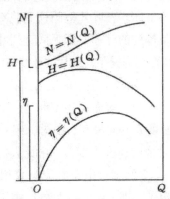

图6-10 离心式通风机的实际特性曲线

（四）轴流式通风机的工作理论

1.轴流式通风机的基本理论方程

讨论基本理论方程之前首先要分析轴流式通风机叶轮中气流的运动。

图 6-11 为轴流式通风机叶轮示意图。气流在叶轮中的运动是一个复杂的空间运动，为分析简便，人们往往采用圆柱层无关性假设，即当叶轮在机壳内以一定的角速度旋转时，气流沿以叶轮轴线为中心的圆柱面作轴向流动，且各相邻圆柱面上流体质点的运动互不相关。也就是说，在叶轮的流动区域内，流体质点无径向速度。根据圆柱层无关性假设，研究叶轮中气流的复杂运动就可简化为研究圆柱面上的柱面流动，该柱面称为流面。

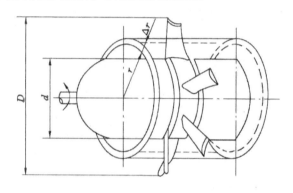

图 6-11　轴流式通风机叶轮图

如图 6-11 所示，在半径 r 处用两个无限接近的圆柱面截取一个厚度为 Δr 的基元环，并将圆环展开为平面。各叶片被圆柱面截割，其截面在平面上组成了一系列相同叶型并且等距排列的叶栅，即平面直列叶栅（或基元叶栅），如图 6-12 所示。相邻叶栅的间距称为栅距，叶片的弦线与叶栅出口边缘线的交角称为叶片安装角 θ（通常以叶片与轮毂交接处的安装角标志叶轮叶片的安装角）。

气流在轴流式通风机叶轮圆柱流面上的流动是一个复合运动，其绝对速度 c 等于相对速度 ω 和圆周速度 u 的向量和；另外，绝对速度也可以分解为轴向速度 c_a 和旋绕速度 c_u（假设径向速度为零），由此人们便可以作出叶轮进、出口处的速度三角形，如图 6-12 所示。由于气流沿着相同半径的流面流动，所以同一流面上的圆周速度相等，即 $u_1 = u_2 = u$ 另外，由于叶轮进、出口过流截面面积相等，根据连续方程，在假设流体不可压缩的前提下，流面进、出口轴向速度相等，即 $c_{1a} = c_{2a} = c_a$。

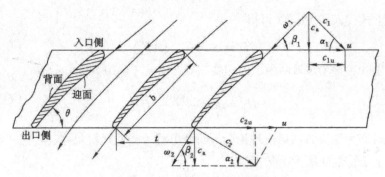

图 6-12 平面直列叶栅速度图

（1）理论全压

由以上分析可知，轴流式通风机某一半径 r 处基元叶栅的速度三角形与离心式通风机的速度三角形是一致的，因此轴流式通风机某一半径 r 处基元叶栅的理论全压方程式为

$$H_t = \rho u(c_{2u} - c_{1u}) \tag{6-8}$$

若通风机前面未加前导器，气流在叶轮入口的绝对速度 c_1 是轴向的，即 $c_{1u} = 0$，则

$$H_t = \rho u c_{2u} \tag{6-9}$$

在设计时，通常使任一半径流面上的 uc_{2u} 为一常数。为此，可将叶片做成扭曲状，即叶片的安装角随半径的增大而减少，这样可以满足不产生径向流动的要求，此时任一基元叶栅的理论全压即为通风机叶轮的理论全压，即通风机叶轮理论全压方程式可用式（6-9）表示。

（2）理论流量

理论流量 Q_T 为

$$Q_T = \frac{\pi}{4}(D^2 - d^2)c_{av} = F_0 c_{av} \tag{6-10}$$

式中：F_0 为叶轮过流截面积，$F_0 = \frac{\pi}{4}(D^2 - d^2)$，$\text{m}^2$；$D$，$d$ 为分别为叶轮和轮毂直径，m；c_{av} 为平均轴向速度，m/s。

（3）轴流式通风机的理论全压特性

根据速度三角形可得

$$c_{2u} = u - c_a \cot\beta_2$$

式中：β_2 为速度 ω 与速度 u 的反向间的夹角，受叶片安装角 θ 约束。

将上式代入式（6-9）可得

$$H_T = \rho u(u - c_a \cot \beta_2) \qquad (6\text{-}11)$$

如果叶轮整个过流断面轴向速度相等，由式（6-10）得

$$H_T = \rho u(u - \frac{\cot \beta_2}{F_0} Q_T) \qquad (6\text{-}12)$$

上式即为轴流式通风机理论全压特性方程。当通风机尺寸、转速一定时，其理论全压特性曲线为一条直线。

2. 轴流式通风机的实际特性曲线

与离心式通风机一样，轴流式通风机实际特性曲线也是通过试验测得的。在图 6-13 中，除全压曲线和全压效率曲线外，还有静压曲线 H_{st}—Q 和静压效率曲线 η_{st}—Q（轴流式通风机通常提供静压和静压效率曲线）。在风压特性曲线上有一段通风机压力和功率跌落的鞍形凹谷段。在这一区段内，通风机压力及功率变化剧烈。当通风机工况落在该区段内时，将可能产生不稳定的情况，使机体振动、噪声增大，即产生喘振现象，甚至损毁通风机，这是轴流式通风机的典型特点。因此，轴流式通风机的有效工作范围是在额定工作点（最高效率点）的右侧。

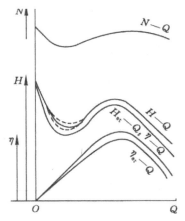

图 6-13　轴流式通风机实际特性曲线

二、通风机结构

（一）离心式通风机的结构

1. 离心式通风机的组成及主要部件的作用

离心式通风机如图 6-7 所示。叶轮的作用是将原动机的能量传送给气体。

它由前盘、后盘、叶片和轮毂等零件焊接或铆接而成（图6-8）。叶片有前弯、径向、后弯三种，煤矿通风机大多采用后弯叶片。叶片的形状一般可分为平板、圆弧和机翼三种，目前多采用机翼形叶片来提高通风机的效率。

机壳由一个截面逐渐扩大的螺旋流道和一个扩压器组成，用来收集叶轮来的气流，并将气流导至通风机出口，同时将气流部分动压转变为静压。

改变前导器中叶片的开启度可控制进气大小或叶轮入口气流方向，以扩大离心式通风机的使用范围和改善调节性能。

集流器的作用是引导气流均匀地充满叶轮入口，并减少流动损失和降低入口涡流噪声。

进气箱（图6-14）安装在进口集流器之前，主要应用于大型离心式通风机入口前需接弯管的场合（如双吸离心式通风机）。因气流转弯会使叶轮入口截面上的气流很不均匀，安装进气箱则可改善叶轮入口的气流状况。

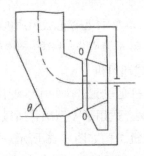

图6-14 进气箱形状示意图

2. 典型离心式通风机的结构

离心式通风机的品种及形式繁多，下面介绍两种典型离心式通风机的结构和特点。

（1）4-72-11型离心式通风机

4-72-11型离心式通风机是单侧进风的中、低压通风机，主要特点是效率高（最高效率达91%）、运转平稳、噪声较低，风量范围为1710～204000 m³/h，风压范围为290～2550 Pa，适用于小型矿井通风。

4-72-11型离心式通风机结构如图6-15所示。其叶轮采用焊接结构，由10个后弯式的机翼型叶片、双曲线型前盘和平板形后盘组成。该通风机从No2.8～No20共13种机号。机壳有两种类型：No2.8～No12机壳做成整体式，不能拆开；No16～No20机壳做成三部分，沿水平能分成上、下两半，并且上半部还沿中心线垂直分为左、右两半，各部分间用螺栓连接，易于拆卸、检修。

进风口为整体结构，装在通风机的侧面，其沿轴向截面的投影为曲线状，能将气流平稳地引入叶轮，以减少损失。传动部分由主轴、滚动轴承和皮带轮等组成。4-72-11 型离心式通风机有右旋、左旋两种类型。从原动机方向看通风机，叶轮按顺时针方向旋转称为右旋，按逆时针方向旋转称为左旋（应注意叶轮只能顺着蜗壳螺旋线的展开方向旋转）。

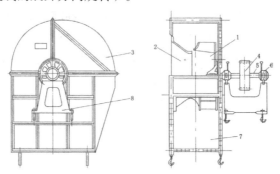

图 6-15　4-72-11 型离心式通风机结构图

1—叶轮；2—集流器；3—机壳；4—带轮；5—传动轴；6—轴承；7—出风口；8—轴承座

（2）G4-73-11 型离心式通风机

G4-73-11 型离心式通风机是单侧进风的中、低压通风机。它的风压及风量比 4-72-11 大，效率高达 93%，适用于中型矿井通风。

G4-73-11 型离心式通风机结构如图 6-16 所示。该通风机从 No0.8 ～ No28 共 12 种机号。该机与 4-72-11 型的最大区别是装有前导器，其导流叶片的角度可在 0 ～ 60° 范围内调节，以调节通风机的特性。

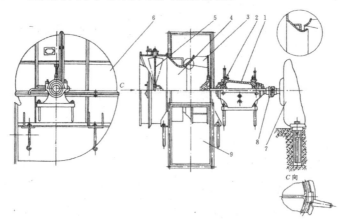

图 6-16　G4-73-11 型离心式通风机结构图

1—轴承箱；2—轴承；3—叶轮；4—集流器；5—前导器；6—外壳，7—电动机；8—联轴器；9—出风口

（二）轴流式通风机的结构

1. 轴流式通风机的组成及主要部件的作用

轴流式通风机的叶轮由若干扭曲的机翼型叶片和轮毂组成，叶片以一定的安装角度安装在轮毂上，导叶固定在机壳上。根据叶轮与导叶的相对位置不同，导叶分为前导叶、中导叶和后导叶，其主要作用是确保气流按所需的方向流动，减少流动损失。后导叶还有将叶轮出口旋绕速度的动压转换成静压的作用；前导叶若做成可以转动的，则可以调节进入叶轮的气流方向，改变通风机工况。各种导叶的数目与叶片数互为质数，以避免气流通过时产生共振现象。集流器和疏流罩的主要作用是使进入通风机的气流呈流线型，减少入口流动损失，提高通风机效率。扩散器的作用是使气流中的一部分动压转变为静压，以提高通风机的静压和静压效率。

2. 典型轴流式通风机的结构

目前矿山常用的轴流式通风机有 2K60 型、GAF 型等。2K60 型轴流式通风机结构如图 6-17 所示。该通风机有 No18、No24、No28 三种机号，最高静压可达 4905 Pa，风量范围为 20 ～ 25 m³/s，最大轴功率为 430 ～ 960 kW。通风机主轴转速有 1000 r/min、750 r/min 和 650 r/min 三种。

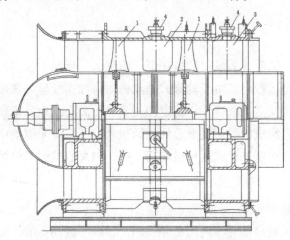

图 6-17　2K60 型轴流式通风机结构图

1—叶轮；2—中导叶；3—后导叶；4—绳轮

2K60 型轴流式通风机为双级叶轮，轮毂比（轮毂直径与叶轮直径之比）为 0.6，叶轮叶片为扭曲机翼型，叶片安装角可在 15° ～ 45° 范围内做间隔 5°的调节，每个叶轮上可安装 14 个叶片，装有中、后导叶，后导叶亦采用机翼型扭曲叶片。因此，在结构上保证了通风机有较高的效率。

该机根据使用需要，可以用调节叶片安装角或改变叶片数的方法来调节通风机性能，以求在高效率区内有较大的调节幅度（考虑到动反力原因，共有三种叶片组合：两组叶片均为14片；第一级为14片，第二级为7片；两级均为7片）。

该机为满足反风的需要，设置了手动制动闸及导叶调节装置。当需要反风时，用手动制动闸加速停车制动后，既可用电动执行机构遥控调节装置，也可利用手动调节装置调节中、后导叶的安装角，实现倒转反风，其反风量应不小于正常风量的60%。

（三）离心式通风机与轴流式通风机的比较

离心式通风机与轴流式通风机在矿井通风中均应用广泛，它们各有不同的特点，现从以下几方面做简单比较。

1. 结构

轴流式结构紧凑、体积较小、重量较轻，可采用高转速电动机直接拖动，传动方式简单，但结构复杂，维修困难；离心式通风机结构简单、维修方便，但结构尺寸较大，安装占地面积大，转速低，传动方式较轴流式复杂。目前，新型的离心式通风机由于采用机翼形叶片，提高了转速，体积已经与轴流式接近。

2. 性能

一般来说，轴流式通风机的风压低、流量大、反风方法多；离心式通风机则相反。在联合运行时，由于轴流式通风机的特性曲线呈马鞍形，因此可能会出现不稳定的工况点，联合工作稳定性较差，而离心式通风机联合运行则比较可靠。轴流式通风机的噪声比离心式通风机大，所以应采取消声措施。离心式通风机的最高效率比轴流式通风机要高一些，但离心式通风机的平均效率不如轴流式高。

3. 启动、运转

离心式通风机启动时，闸门必须关闭，以减小启动负荷；轴流式通风机启动时，闸门可半开或全开。在运转过程中，当风量突然增大时，轴流式通风机的功率增加不大，不易过载，而离心式通风机则相反。

4. 工况调节

轴流式通风机可通过改变叶轮叶片或静导叶片的安装角度，或者改变叶轮的级数、叶片片数、前导器等多种方法调节通风机工况，特别是叶轮叶片安装角的调节过程，既经济，又方便、可靠；离心式通风机一般采用闸门调节、尾翼调节、前导器调节或改变通风机转速等方式调节通风机工况，其总的调节性能不如轴流式通风机。

5. 适用范围

离心式通风机适应于流量小、风压大、转速较低的情况，轴流式通风机则相反。通常，当风压在 3 ～ 3.2 kPa 时，应尽量选用轴流式通风机。另外，由于轴流式通风机的特性曲线有效部分陡斜，因此适用于矿井阻力变化大而风量变化不大的矿井；而离心式通风机的特性曲线较平缓，适用风量变化大而矿井阻力变化不大的矿井。

一般来讲，大、中型矿井通风应采用轴流式通风机；中、小型矿井应采用叶片前弯式叶轮的离心式通风机；特大型矿井则应选用大型叶片后弯式叶轮的离心式通风机。

第四节　通风机的工作情况分析

通风机是和通风网络联合工作的，通风机的工作状况（工况）不仅取决于通风机本身，同时也取决于通风网络状况，即网络的长度、断面的大小及网络的配置等。下面对抽出式矿井通风机在网络中的工作进行分析。

一、通风机在网络中的工作分析

图 6-18 为通风机在网络中工作的简化示意图。在通风网络上取进风井断面Ⅰ—Ⅰ、通风机入口断面Ⅱ—Ⅱ和出口断面Ⅲ—Ⅲ三个断面。Ⅰ—Ⅰ断面的压力为大气压 P_a、风速 $v_1 \approx 0$；Ⅱ—Ⅱ断面的压力为 P_2、风速为 v_2；Ⅲ—Ⅲ断面压力也为大气压 P_a、风速为 v_3。下面利用伯努利方程进行分析。

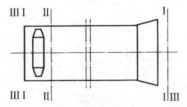

图 6-18　通风机在网络中工作示意图

列Ⅰ—Ⅰ断面和Ⅱ—Ⅱ断面的伯努利方程，并化简得

$$p_a = p_2 + \frac{\rho}{2}v_2^2 + h \qquad (6\text{-}13)$$

式中：h 为通风网络阻力损失，Pa；ρ 为通风机产生的风压，Pa。

列 Ⅱ—Ⅱ 断面和 Ⅲ—Ⅲ 断面的伯努利方程，并化简得

$$H + p_2 + \frac{\rho}{2}v_2^2 = p_a + \frac{\rho}{2}v_3^2 \qquad (6\text{-}14)$$

将上两式联立，并化简得

$$H = h + \frac{\rho}{2}v_3^2 \qquad (6\text{-}15)$$

由式（6-15）可知，通风机产生的全压 H，一部分用于克服通风网络的阻力 h，称为静压，用 H_{st} 表示，一部分以速度能的形式 $\frac{\rho}{2}v_3^2$ 损耗在大气中，称为动压，用 H_d 表示。

在通风过程中，通风机产生的全压全部消耗在通风网络中，通风网络的全部损失 $h + \frac{\rho}{2}v_3^2$ 等于通风机产生的全压 H。

$$\text{所以 } H = H_{st} + H_d \qquad (6\text{-}16)$$

二、通风网络的特性曲线

1. 通风网络的特性方程

通风网络的特性方程包括网络静阻力特性方程和全阻力特性方程，下面分别对它们进行论述。

（1）通风网络的静阻力特性方程

通风网络的损失包括沿程阻力损失和局部阻力损失，设网络的风量为 Q、通风过流断面积为 A、通风巷道的长度为 L、当量直径为 d_i、沿程阻力系数为 λ、局部阻力系数之和为 $\sum \xi$，根据阻力损失计算公式，通风网络的阻力损失 h 为

$$h = \left(\lambda \frac{L}{d_i} + \sum \xi\right) \frac{\rho}{2A^2} Q^2 \qquad (6\text{-}17)$$

令 $R_j = \left(\lambda \dfrac{L}{d_i} + \sum \xi\right) \dfrac{\rho}{2A^2}$，所以

$$h = R_j Q^2 \qquad (6\text{-}18)$$

式中：R_j 为通风网络静阻力系数。

式（6-18）为通风网络静阻力特性方程。因为该方程只包括通风网络阻力损失 h，不包括出口动压损失 $\frac{\rho}{2}v_3^2$，所以其被称为静阻力特性方程。

（2）通风网络的全阻力特性方程

因为通风网络的全部损失 H 包括通风网络阻力损失 h 和出口动压损失 $\frac{\rho}{2}v_3^2$，

设通风机的出口面积为 A_3，所以

$$H = h + \frac{\rho}{2}v_3^2 = R_jQ^2 + \frac{\rho}{2A_3^2}Q^2 = (R_j + \frac{\rho}{2A_3^2})Q^2 \qquad （6-19）$$

令 $R = (R_j + \frac{\rho}{2A_3^2})$，所以

$$H = RQ^2 \qquad （6-20）$$

式（6-20）为通风网络全阻力特性方程。因为该方程不仅包括了通风网络
的阻力损失 h，而且包括出口动压损失 $\frac{\rho}{2}v_3^2$，所以其被称为全阻力特性方程。

2. 通风网络的特性曲线

通风网络的特性曲线包括静阻力特性曲线和全阻力特性曲线，下面分别对
它们进行论述。

（1）通风网络的静阻力特性曲线

静阻力特性方程式（6-18）所表示的曲线称为通风网络静阻力特性曲线。
该曲线为通过坐标原点的二次抛物线。如图 6-19 所示，H_1Q^2 即为通风网络的
静阻力特性曲线。

对于轴流式通风机，厂家一般给出静压特性曲线，所以在选择和使用轴流
式通风机时，应使用静阻力特性方程和静阻力特性曲线。

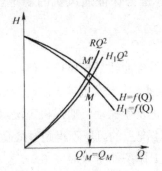

图 6-19　通风机工况点

（2）通风网络全阻力特性曲线

全阻力特性方程式（6-20）所表示的曲线被称为通风网络全阻力特性曲线。
该曲线也是通过坐标原点的二次抛物线。如图 6-19 所示，RQ^2 即为通风网络全

阻力特性曲线。

对于离心式通风机，厂家一般给出全压特性曲线，所以在选择和使用离心式通风机时，应使用全阻力特性方程和全阻力特性曲线。

三、通风机工况点与工业利用区

1. 通风机工况点

通风机是和通风网络联合工作的，通风机产生的风量就是通风网络中的风量，通风机产生的风压要全部消耗在通风网络中。通风机的风压特性曲线是单调下降的，而通风网络的特性曲线是单调上升的，所以通风机只能在两条曲线的交点处进行工作。风压特性曲线与网络特性曲线的交点被称为通风机工况点。

如图 6-19 所示，把通风网络特性曲线与通风机风压特性曲线按同一比例绘制在同一坐标下，通风网络特性曲线与风机风压特性曲线的交点即为工况点。图中 M 为轴流式通风机工况点，M′ 为离心式通风机工况点。工况点对应的参数称为工况参数。工况参数包括通风机的风量、全压（或静压）、轴功率和全压效率（或静压效率）。

实际中，人们会把通风网络特性方程所表示的曲线绘制在厂家提供的通风机特性曲线（或测试得到的性能曲线）上，网络特性曲线与风压特性曲线的交点即为工况点，并查出对应的工况参数。应注意，轴流式通风机一般用静阻力特性曲线，离心式通风机用全阻力特性曲线。

2. 通风机的工业利用区

通风机的工业利用区是为保证通风机的稳定性和经济性而划定的工作区域。

（1）稳定工作条件

轴流式通风机的风压特性曲线最高风压左侧部分呈马鞍形，当通风机工况点在马鞍形区间运行时，风压、功率发生较大波动，从而使通风机发生强烈振动。为使通风机稳定工作、防止发生振动，通风机工况点应工作在最高风压右侧。由于转速降低，所以规定工况点的风压不得超过最高静压的 0.9 倍。

因此，通风机的稳定工作条件为 $H_j M \leqslant 0.9 H_{j\max}$。

（2）经济工作条件

通风机是矿山设备中耗电量较大的设备，为保证通风机经济性，国家标准规定工况点的运行效率不得低于最佳工况点的 85%，改造后应达到 90%。

因此，轴流式通风机的经济工作条件为 $\eta_j M \geqslant (0.8 \sim 0.9) \eta_{j\max}$；离心式

通风机的工作条件为 $\eta_j M' \geqslant (0.8 \sim 0.9) \eta_{j\text{max}}$。

通风机特性曲线上，既满足稳定工作条件又满足经济工作条件的区域被称为通风机的工作利用区。通风机工况点应在工业利用区内。

图 6-20 为轴流式通风机的工业利用区。图 6-21 为离心式通风机的工业利用区。

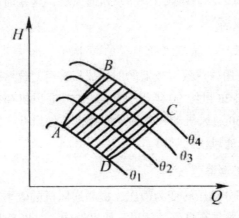

图 6-20　轴流式通风机工业利用区

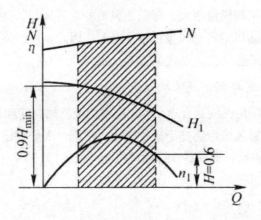

图 6-21　离心式通风机工业利用区

四、通风机的经济运行与工况调节

通风机在矿山生产中耗电较大，保持通风机的经济运行对节约电耗具有重要意义。

（一）通风机的经济运行

1. 合理选用高效通风机

新建矿井或改扩建矿井在选择通风机时，应根据矿井需要的风量、风压，合理选用高效通风机，并使通风机在整个服务年限内保持高效运行，如选用我国生产的 FBCZ、FBCDZ 系列或 2K60 系列通风机，这些通风机最高静效率都在 84% 左右，效率较高。

2. 对旧通风机进行改造或更换

有些矿井还在使用一些效率较低的旧通风机，可对这些效率较低的通风机进行改造或更换，如 20 世纪 90 年代生产的 2K60 通风机存在一定不足，可用现在研制的新型 2K60 通风机动叶片和导叶片代替原风叶，以提高通风机的效率，并从声源上降低通风机的噪声。

3. 配置合理的扩散器

扩散器能使一部分动压转变为静压，提高通风机的效率。扩散器有多种不同形式，合理的扩散器具有良好的效果，如果设计、安装不当，其将失去作用。

4. 减少漏风

漏风将使通风机的风量增大，降低通风机的有效风量，并使电耗增加。据调查，地面反风门漏风量占总风量的 5% 以上。因此，应加强风门密封，或采用反转反风的轴流式通风机，以减少漏风损失。

5. 加强维护、定期测试通风机性能

人们应根据实际情况编制合理、有效的维护及检修制度和计划，提高维护、检修工作质量，使通风机始终处于良好的运行状况。人们要定期测试通风机的性能，并绘制通风机特性曲线，掌握通风机的性能和运行工况，以便采取措施，使通风机保持高效运行。

6. 合理调节工况

人们应根据矿井通风的具体情况，合理调节通风机工况点，使通风机风压、风量既满足通风要求，又能运行在高效区。合理调节工况点是保证通风机经济运行的重要措施之一。

通风机工况调节的方法很多，下面单独讲述。

（二）通风机工况调节

一般来讲，矿井开采初期通风网络阻力较小，随着开采深度的增加，通风网络阻力不断增大，所需风量有时也要增加。为满足通风要求，保证稳定、经济的工作条件，通风机工况点需要进行调节。在实际中，往往设计风量大于需要风量，为降低电耗，也需要进行工况调节。调节的途径有两种：一是改变网络特性曲线调节法；二是改变通风机特性曲线调节法。

1. 改变网络特性曲线调节法

改变网络特性曲线调节法也叫闸门节流法。这种方法通过适当关闭竖直风门使通风网络的阻力增大，使网络特性曲线上移，工况点左移，从而达到减小流量、降低电耗的目的。随着开采深度增加，通风网络阻力增大，这时就逐渐提起风门，使风量逐渐增大。

如图 6-22 所示，1 为开采初期通风网络特性曲线，此时通风网络阻力较小，风量 Q_1 大于实际需要风量 Q_2，如不进行调节将会造成能量损失。这时，适当关闭闸门，使工况点左移，风量减小为 Q_2，对应的轴功率减了（N_1-N_2），节约了电能。随着开采深度的增加，将闸门逐渐开大，使网络特性曲线右移，工况点右移，风量增大。

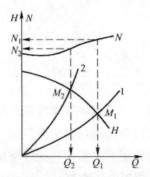

图 6-22 闸门节流法调节示意图

这种调节方法设备简单、操作简便，但在风门处有附件损失，是一种不经济的调节方法，一般仅作为暂时的应急方法使用。

轴流式通风机的轴功率随风量的减小而增大，因此采用闸门节流法减小风量不仅不能节约电耗，反而会造成浪费。因此，一般不宜用闸门节流法调节轴流式通风机的风量。

2. 改变通风机特性曲线调节法

（1）改变通风机叶轮转速调节法

同水泵改变转速调节的原理相同，该方法的调节原理同样为比例定律。公式（6-21）为同一台通风机的比例定律数学表达式。

$$\frac{Q'}{Q} = \frac{n'}{n} \qquad \frac{H'}{H} = (\frac{n'}{n})^2 \qquad \frac{N'}{N} = (\frac{n'}{n})^3 \qquad （6-21）$$

式中：Q、Q' 分别为调节前、后的风量，m^3/s；H、H' 分别为调节前、后的风压，N/m^2；n、n' 分别为调节前、后的转速，r/min。

如图 6-23 所示，由比例定律可知，改变通风机的转速，特性曲线将会相应地上下移动。矿井开采的各个时期所需风压、风量不同，人们可根据每个时期的实际风压和风量，用比例定律计算出需要调节的转速，并作出调节后的特性曲线，然后把通风机的转速调节为需要的转速。开采初期采用额定转速 n_{max} 时，对应的风量为 Q_1，大于初期需要风量 Q_2。这时，人们可根据比例定律计算出需要的转速 n_{min}，然后把转速调节至 n_{min}。随着开采深度增加，通风网络阻力逐渐增大，此时通风机要逐渐增大转速。

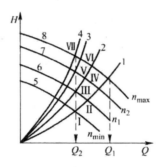

图 6-23　改变叶轮转速调节法示意图

通风机转速调节的方法有阶段调速和无级调速。阶段调速可通过采用多速电机、更换电机、更换皮带轮等方法实现；无级调速可通过采用变频电机、调速液力耦合器、串级调速系统等方法实现。

（2）前导器调节法

通风机产生的风压与通风机叶轮出口处的圆周速度、圆周分速度及叶轮入口处的圆周速度、圆周分速度有关。我们可以从理论上推导出通风机的理论风压方程式（欧拉方程），公式（6-22）为通风机的理论风压方程式。

$$H_1 = \rho(u_2 c_{2u} - u_1 c_{1u}) \qquad （6-22）$$

式中：H_1 为通风机理论风压，Pa；ρ 为气体密度，kg/m^3；u_2、u_1 分别为叶轮出口、入口处的圆周速度，m/s；c_{2u}、c_{1u} 分别为叶轮出口、入口处的圆周分速度，m/s。

由式（6-22）知，叶轮在转速不变的情况下，出口和入口处的圆周速度 u_2 和 u_1 是一定的，但改变叶轮入口处的圆周分速度 c_{1u}，可使通风机风压发生变化。

装在通风机入口处的前导器可以改变叶轮入口处气流的方向，从而改变入口处的圆周分速度 c_{1u}，达到增大或减小风压的目的。当前导器叶片角度为负值时，c_{1u} 为正，风压减小；当前导器叶片角度为正时，c_{1u} 为负，风压增大。风压发生变化，风量也相应发生变化，从而达到调节的目的。调节时，人们要根据需要的风压和风量，利用特性曲线，把前导器调节到需要的角度。这种调节方法操作方便，但调节范围较窄，常用于辅助调节。

（3）改变轴流式通风机叶片安装角度调节法。

轴流式通风机叶片安装角一般可调，在不同安装角度下，通风机的特性曲线不同，厂家一般都给出了叶片在不同安装角度下的特性曲线，把通风网络特性曲线作在通风机的特性曲线上，和不同角度的风压特性相交就可以得到不同的工况点，人们就可以根据矿井需要的风量，把叶片安装角调节到需要的角度。

如图 6-24 所示，为初期网络特性曲线，叶片安装角度调节到 26°，工况点为 M_1'；随着开采深度的增加，网络阻力增大，网络特性曲线上移动，可采用 29°，工况点为 M_2 随着矿井开采深度的增加，可逐步调节角度。角度调节一般应大一些，以免产生风量不足的现象。

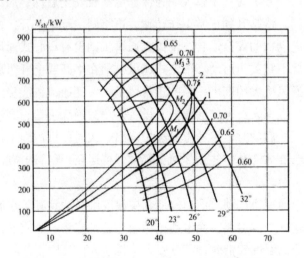

图6-24　改变轴流式通风机叶片安装角度调节法

（4）改变轴流式通风机级数和叶片数的调节法

如果矿井通风采用两级轴流式通风机，在开采初期，风压又大于实际需要，可以把最后一级叶轮叶片全部拆下，以降低风压，达到降低能耗的目的。

轴流式通风机也可拆除部分叶片进行调节。在叶片数目为偶数时，可把叶轮叶片均匀对称的拆下几片，以降低风压和能耗，如 2K60 型轴流式通风机叶片数目可以装成两级均为 14 片、一级 14 片二级 7 片和两级均为 7 片的形式。矿井开采初期风压、风量较小，可以两级都装成 7 片，中期可以装成一级 14 片二级 7 片，末期可装成两级均为 14 片。

通风机是矿井耗电量多的设备，为保证矿井通风安全和通风机经济运行，通风机应进行调节。调节时，上述调节方法不是单一的，可以同时采用几种方法进行综合调节。调节后应对风量进行测试，风量应满足矿井通风要求。

第五节　通风机的使用与常见故障

一、通风机的使用与维护

（一）通风机的使用

从通风机启动到正常转速需一定的时间。电动机启动所需功率超过正常运转功率，离心式通风机性能曲线说明：风量接近于零（闸门全闭）时功率较小，风量最大（闸门全开）时功率较大。为保证电动机安全启动，启动时应将通风机进口全部关闭，待其升到正常工作转速后再将闸门逐渐打开，避免因启动负荷过大而危及电动机的安全运转。轴流式通风机则没有离心式通风机启动功率小的特点，因此不宜关闭启动。轴流式通风机须在半开或全开风道内闸门的情况下启动，使通风机大约产生一半的正常风量，保证通风机能稳定启动运转。通风机启动时，操作人员操作高压电气设备必须戴绝缘手套，穿绝缘靴，按顺序启动合闸。开始启动时，转速由慢渐快，离心式通风机达到正常速度后再打开风门。按规定，正常工作中主通风机要经常保持运转，无特殊情况或领导批示，不得停车。

锅炉或高温通风机启动之前，气体介质温度难以达到其工作温度，甚至有待通风机运转输入炉内加热，而电动机额定功率是按输送介质的正常工作温度选定的。当介质的温度较低时，其密度大、耗功大，这样正常功率与启动功率就相差甚多，因此这类通风机在启动时应严格按顺序操作，除全闭闸门启动外，还要考虑电动机的过载。当介质的工作温度与启动温度相差悬殊时，而设计时未采用多速电动机或液力联轴节时，要考虑是否直接启动。

主通风机不能间断其工作，短时的停歇也会破坏通风而可能造成事故。为了保证通风机可靠地工作，相关具体要求如下。

①在重要工作面必须装备两台独立的主通风机，按期轮换使用。一般可设

置一台主通风机，但必须装设有足够功率的备用电动机，并能迅速地更换。

②主通风机和分区通风机的供电应有两条专用线路，其他用户不许接入。

③通风机房应由耐火材料修建，室内应保持清洁，光线充足，并备有事故照明设备，同时与变电所必须有电话联系。

④在通风机房中应当悬挂通风机设备图，以及事故中有关司机的职责和发生事故时通风机的工况。

⑤主通风机和分区通风机停止工作或改变通风机工况必须经主管工程师允许，并与工作场所进行协调。

⑥区域变电所在超载荷时无权停止向通风机供电；必须停电时，应事先通知负责通风工作的主管人员。

⑦当通风机被迫停止运转时，若备用通风机也不能启动，就必须立即打开能起自然通风作用的有关设备。

⑧通风机司机必须受过专门训练，并经考试合格后才能上岗。

⑨主通风机设备应当装设风量计（流量计）和负压计（差压计），以便人们检查通风机的工况，并记入专用记录簿中。

⑩通风机设备应当每天由电钳工检查一次，每旬由机械师检查一次，每月由总工程师会同机械师检查一次，检查结果和修理应记入通风机设备工作的专用记录簿中。

在通风机每次启动前（经过修理后或轮换），司机必须按检查或修理的记载对通风机进行检验，并须用手转动工作轮。启动前将离心式通风机的闸门关闭，而轴流式则相反，并检验控制轴承温度的装置和润滑油量。

启动过程中注意机器的声响和振动。若正常则达到额定转速后慢慢地打开离心式通风机的闸门，同时由仪表观察电动机的负载和通风机的风量及压头。若振动强烈或有敲击声，应当立即停车检查和校正。

停车前先启动备用通风机，然后再停车。停止离心式通风机运行之前要将闸门关闭，而后停车；轴流式通风机则先停车然后关闭闸门或风门。

运转中通风机的工况应当与要求相符，若有偏差司机应及时调整。司机应注意通风机的轴承润滑和温度，并检查电气等部分工作是否正常。

（二）通风机设备的维护

为了保证通风机长期可靠工作，必须对其正确地维护。

①司机在接班时必须了解通风机在上一班的工作情况。

②严格注意轴承的润滑，不允许轴承温度超过规定值。

③不允许机器振动，振动对机器有严重的影响，尤其是对轴承。振动的原因多是各轴不在一条轴线上，这时应立即停车校正。

④每天检查机器各连接部分，并及时紧固松动的联结件。

⑤定期检查和调整通风机的工况，并做详细记录。

⑥定期进行通风设备预修，并按规定涂漆，防止部件锈蚀。

⑦每天记录通风机设备的运转状况，记录簿由总机械工程师检查并及时指出应改进的问题及方法。

二、通风机的常见故障分析与处理方法

（一）通风机性能方面的故障

1. 流量不足或增大

一般在通风机进口段或出口段装设闸门调节风量。当闸门全闭，即使通风机正常运转，管路系统中的风量也接近于零。随着闸门开度增大，风量也增大。闸门全开时，风量最大。同一通风机其管路越短，风量越大。当管路长到一定长度时风量亦接近于零。一般管路越长、越细或转弯越多，其阻力就越大。通风机的静压能克服管路阻力，气体输送时克服阻力的能力越好，风量通过才会越多，因此管路阻力计算的准确程度或变化状况将影响通风机的压力与管路中实际需要的压力差值大小，从而引起流量的不足或增大。

如叶轮与进气口的间隙太大、管法兰不严等将引起流量不足。此外，因流量与叶轮转速成正比，当转速波动时也将引起流量不足或增大。

2. 风压不足或过高

如前所述，同一通风机若压力不足，则管路的流量不足，故风压是克服管网阻力、保证流量的关键。

风压与叶轮转速的平方成正比，当转速波动就会引起风压不足或增大。

此外，已知气体压力及其密度与温度密切相关，且大气条件随地点、时间而变化。当通风机使用条件与设计值有出入时就会出现压力不足或增大。另外，气体中灰尘、杂质的含量高，如固体物质增加，混合密度增大，压力则增高，反之亦然。

（二）通风机机械方面的故障

1. 机器振动异常

（1）转子不平衡引起振动

转子不平衡则会引起通风机振动，不平衡惯性力越大，其振动越剧烈。通风机运转后再度出现不平衡的主要原因如下。

①通风机的工作叶片腐蚀或磨损不均。

②通风机长期停转，因转子自重等因素使轴变形。

③叶片表面出现不均匀附着物，如铁锈、污垢等。

④翼形叶片因磨蚀而穿孔，杂质进入其内。

⑤运输、安装等原因造成叶轮变形，使其径向跳动或端面跳动过大。

⑥叶轮上平衡配重脱落或检修后未校准平衡。

（2）某些固定件引起振动

通风机基础、底座、蜗壳、管路等因刚度参数使其自振固有频率小于或等于转子转速时，均将引起共振现象，或发生在启动阶段，或发生在正常运转阶段。机器的共振危害很大，可能损坏机件而造成事故停车。

（3）其他原因

①管网阻力曲线与通风机性能曲线交在喘振区。

②通风机与电动机轴间的同心度偏差过大。

③当采用带式传动时，两皮带轮轴不平行。

④通风机的合力（不平衡惯性力、皮带压轴力和通风机自重）不在基底内。

⑤固定在轴上的零件出现松动或变形，如叶轮歪斜与机壳或进气口碰擦。

⑥轴承严重磨损或松动。

2. 轴承过热与磨损严重

在离心式通风机中大都选用滚动轴承，其正常工作温度在 60℃ 以下。如发生下列原因将引起过热或严重磨损。

①通风机润滑装置的润滑油（或脂）变质或混入杂质。

②轴承组件损坏，产生阻尼或卡滞现象。

③轴承部件安装不良，如固定螺栓或松或紧及中心线偏超限。

④通风机产生严重的异常振动。

⑤采用水冷轴承时其水量供给不足。

⑥润滑装置的润滑脂过多，超过轴承座空间的 $1/3 \sim 1/2$。

⑦当传动为 D 型或 F 型时，通风机轴与电机轴不同心。

⑧轴承间隙不合理。例如，轴颈直径 d=50 ～ 100 mm，间隙大于 0.2 mm；d>100 mm，间隙大于 0.3 mm。

（三）通风机运转中的主要故障及其消除

通风设备在运转中不可避免会发生故障，实际中的故障是多种多样的，表6-2给出了通风机常见故障、产生原因及排除方法。

表6-2 通风机的常见故障、产生原因及排除方法

常见故障	产生原因	排除方法
电动机电流过大和温升过高	由于短路吸风，造成风量过大；电压过低或电源单相断电；联轴器连接不正，皮圈过紧或间隙不均	消除短路吸风现象；检查电压，更换保险丝；进行调整
叶轮损坏或变形	叶片表面或铆钉腐蚀、磨损；铆钉和叶片松动；叶轮变形或歪斜，使叶轮径向跳动或端面跳动过大	如个别损坏则个别更换，如损坏过半数则更换叶轮；重新铆紧或更换铆钉，卸下叶轮，对叶轮进行矫正
轴承箱振动剧烈	通风机轴与电动机轴不同心，联轴器装歪；基础的刚度不够或不牢固；机壳或进口风与叶轮摩擦；叶轮铆钉松动或轮盘变形；叶轮、联轴器或皮带轮与轴松动；机壳与支架、轴承箱与支架、轴承盖与座等连接螺栓松动；皮带轮安装不正，两皮带轮轴不平行；转子不平衡	调整或重新安装；进行修补或加固；修理叶轮或进风口；修理；修理机轴、叶轮、联轴器或皮带轮，或重新配键，重新装配；紧固螺栓；进行调整，重新找正；重新找平衡

常见故障	产生原因	排除方法
轴承温升过高	轴承箱振动剧烈；润滑油质量不良或充填过多；轴承箱盖与座连接螺栓过紧或过松；机轴与滚动轴安装歪斜，前后两轴承不同心；滚动轴承损坏	查明原因，进行处理；更换或去掉一些，滚动轴承的注油量为容油量的2/3；调整螺栓的松紧度；重新安装或调整找正；更换轴承
发生不规则的振动，且集中于某一部分，噪声与转速相符，在启动或停机时可以听到金属摩擦声	叶轮歪斜与机壳内壁相碰或机壳刚度不够，产生左右摇晃；叶轮歪斜，与进风口相碰	修理叶轮和止推轴承，对机壳进行补强；修理叶轮与进风口

第七章 矿山空气压缩设备

第一节 概 述

一、矿井空气压缩机的组成

空气压缩设备是指压缩和输送气体的整套设备，主要包括空气压缩机、输气管路和附属设备（滤风器、风包、冷却装置等）。图7-1为矿井压气系统，空气由进气管1吸入，经空气过滤器2进入低压缸4，进行第一级压缩；此时气体体积缩小，压力增高，然后进入中间冷却器5使气体的温度下降；此后再进入高压缸6进行第二级压缩；当达到额定压力时，压缩空气经后冷却器7、逆止阀8和管路送入风包9中；最后通过压气管路10送到井下各用气地点，驱动凿岩机、风镐等风动工具工作。

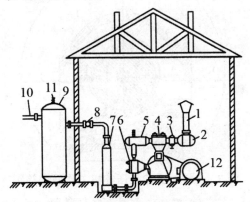

图7-1 矿井压气系统示意图

1—进气管；2—空气过滤器；3—调节阀；4—低压缸；5—中间冷却器；6—高压缸；7—后冷却器；8—逆止阀；

9—风包；10—压气管路；11—安全阀；12—电动机

169

二、空气压缩机的类型及特点

工业上广泛应用的空气压缩机按作用原理不同，可分为容积型和速度型两大类。

（一）容积型压缩机

容积型压缩机的原理是利用可移动的容器壁减小气体所占据的封闭工作空间的容积，使气体压力升高。容积型压缩机在结构上又可分为往复式和回转式两种。往复式压缩机主要为活塞式，其利用活塞在气缸中做往复运动，通过吸、排气阀的控制实现吸气、压缩、排气的周期变化，如图 7-2 所示。回转式压缩机主要有滑片式压缩机和螺杆式压缩机，如图 7-3 和图 7-4 所示。

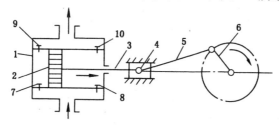

图 7-2　活塞式空气压缩机工作原理简图

1—气缸；2—活塞；3—活塞杆；4—十字头；5—连杆；6—曲轴；

7、8—吸气阀；9、10—排气阀

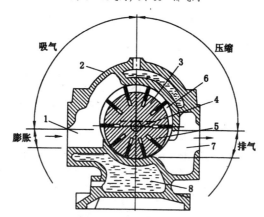

图 7-3　滑片式空气压缩机工作原理简图

1—吸气管；2—外壳；3—转子；4—转子轴；5—滑片；6—空气压缩室；

7—排气管；8—水套

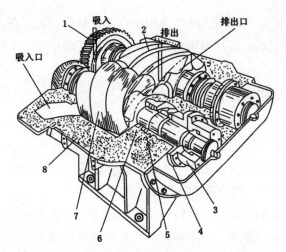

图 7-4 螺杆式空气压缩机结构示意图

1—同步齿轮；2—阴转子；3—推力轴承；4—轴承；5—挡油环；6—轴封；

7—阳转子；8—气缸

（二）速度型压缩机

速度型压缩机的原理是使气体分子通过机械高速转动得到很高的速度，然后让其作减速运动，使动能转化为压力能。速度型压缩机又分为离心式和轴流式两种。其都是靠高速旋转的叶片对气体的动力作用使气体获得较高的速度和压力，然后在蜗壳或导叶中扩压，得到高压气体。图 7-5 为离心式空气压缩机剖面图。

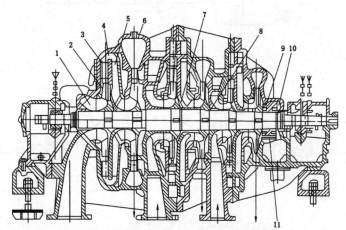

图 7-5 离心式空气压缩机剖面图

1—吸气室；2—工作轮；3—扩压器；4—弯道；5—回流器；6—蜗壳；

7—前轴封；8—后轴封；9—轴封；10—气封；11—平衡盘

171

目前，在一般空气压缩机站中采用最广泛的是活塞式。在大型空气压缩机站中，较多采用了离心式和轴流式空气压缩机。矿山生产中常用的空气压缩机以活塞式为主。

（三）活塞式压缩机的工作原理

活塞式压缩机属于容积型，依靠在气缸内做往复运动的活塞来实现空气压缩。

图 7-6（a）是单作用活塞式空气压缩机示意图，其由曲轴、连杆、十字头、活塞杆、气缸、活塞，吸气阀和排气阀等组成。

当电机带动曲轴旋转时，回转运动通过连杆和十字头将转动变为活塞在缸内的往复直线运动。活塞向右运动时，气缸左腔容积增大，压力降低。当低于外界大气压时，吸气阀被打开，空气在大气压力作用下进入气缸，此时为吸气过程；当活塞返回向左运动时，吸气阀关闭，气缸内容积减少，气体在缸内被压缩，此时为压缩过程；当气缸内气体压力升高至某一额定值时，排气阀打开，压缩空气被活塞排出缸外，此时为排气过程。

双作用活塞式空气压缩机如图 7-6（b）所示。气缸的右端与左端工作相似，但其工作过程相反，即左端为吸气过程，则右端为压缩和排气过程；右端为吸气过程，则左端为压缩和排气过程，每一端均可各自独立完成工作循环。

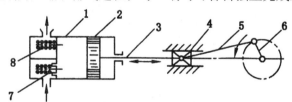

（a）单作用

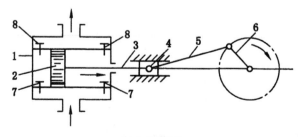

（b）双作用

图 7-6　活塞式空气压缩机原理图

1—气缸；2—活塞；3—活塞杆；4—十字头；5—连杆；6—曲轴；7—吸气阀；8—排气阀

三、活塞式空气压缩机的分类

1. 按气缸中心线位置分类

活塞式空气压缩机气缸中心线不同位置的各种配置，如图 7-7 所示。

立式空气压缩机：气缸中心线铅垂布置；

卧式空气压缩机：气缸中心线水平布置；

角度式空气压缩机：气缸中心线与水平线成一定角度布置，按气缸排列所呈形状又分为 L 形、V 形、W 形、S 形等。

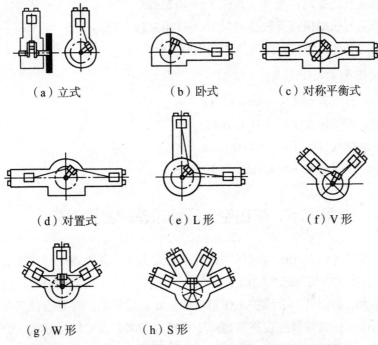

（a）立式	（b）卧式	（c）对称平衡式

（d）对置式	（e）L 形	（f）V 形

（g）W 形	（h）S 形

图 7-7　活塞式压缩机气缸中心线不同位置的各种配置

2. 按活塞在气缸中的作用分类

单作用式（单动式）：气缸内只有活塞一侧进行压缩循环；

双作用式（双动式）：气缸内活塞两侧同时进行压缩循环。

3. 按气体达到终了压力压缩级数分类

单级空气压缩机：气体经一级压缩到达终了压力；

两级空气压缩机：气体经两级压缩到达终了压力；

多级空气压缩机：气体经两级以上压缩到达终了压力。

4. 按气缸的冷却方式分类

水冷式空气压缩机：用水对空气压缩机各部分进行冷却，多用于大型空气压缩机上；

风冷式空气压缩机：用大气对空气压缩机自然冷却，多用于小型空气压缩机上。

5. 按排气压力大小分类

低压空气压缩机：排气压力在 1 MPa 以内；

中压空气压缩机：排气压力在 1 ~ 10 MPa；

高压空气压缩机：排气压力在 10 ~ 100 MPa；

超高空气压压缩机：排气压力在 100 MPa 以上。

6. 按排气量大小分类

微型：排气量在 1.0 m³/min 以内；

小型：排气量在 1.0 ~ 10 m³/min；

中型：排气量在 10 ~ 100 m³/min；

大型：排气量在 100 m³/min 以上。

第二节　矿山空气压缩设备的发展趋势

以往我国矿山常用的空气压缩机以活塞式为主，其次为螺杆式和滑片式。在我国，活塞式空气压缩机的产量占总产量的 70% 以上，但该类机组有质量大、外形尺寸大、易损件多、维护工作量大的缺点。近年来，随着机械工业的发展和技术的进步，其发展速度逐渐落后于螺杆式和离心式空气压缩机。企业在满足使用要求和经济条件允许的前提下，都会尽量选用高质量、维护管理方便、比功率小的空气压缩机，如双级压缩螺杆式空气压缩机或离心式空气压缩机，这对于节约能源、降低生产成本具有一定的实际意义。

在煤炭、冶金、石油、化工等矿山开采和工业物料输送的工艺中需要用大量压缩空气，因此大容量的离心式空气压缩机得到了广泛应用。与活塞式空气压缩机相比，离心式空气压缩机具有气体不受润滑油脂污染、能长期连续运转、设备紧凑、占地面积小、质量轻、运转平稳、安全可靠、初期投资少等优点。因此，在大型空气压缩机中，离心式空气压缩机已经占有绝对的优势。

国外自 20 世纪 30 年代开始研究离心式空气压缩机以来，其发展速度很快。在世界各主要工业国家，离心式空气压缩机的产量比例逐年增加，其排气量一般在 11.2 ～ 420 m³/min。近年来，研究人员在改进离心式空气压缩机的结构、降低比功率和减少噪声等方面取得了显著的效果，当排气压力在 0.7 MPa 时，其比功率在高效时可达 4.8 kW/（m³·min⁻¹）。因此，离心式空气压缩机有向中小容量发展的趋势，一般单机排量在 60 m³/min 以上时，建议选择离心式空气压缩机。

螺杆式空气压缩机的工业生产始于 1950 年，在动力用空气压缩机领域内，其发展速度已超过了活塞式空气压缩机。与活塞式空气压缩机相比，螺杆式空气压缩机由于结构紧凑、移动方便、安全可靠、运转平稳、噪声低、寿命长、自动化程度高等优点，更适合作为矿山空气动力源设备。特别是井下空间狭窄、环境恶劣，用气地点不固定，此时螺杆式空气压缩机比活塞式空气压缩机更容易实现电气隔爆。尤其是在有瓦斯和煤尘爆炸危险的矿井中使用防爆型螺杆空气压缩机，具有活塞式空气压缩机无可比拟的优点。

在美国、日本和西欧，移动式空气压缩机以螺杆式和滑片式为主。近年来，螺杆式空气压缩机的排气量范围不断向大的和小的两个方向发展，因此，其适用范围也在不断扩大。螺杆式空气压缩机当排气压力范围为 0.7 ～ 0.8 MPa 时，其比功率为 4.85 ～ 5.8 kW/（m³·min⁻¹）。

空气压缩机运转时的噪声随排气量的增加而增加，转子对材料要求高，加工难度大，因此在今后相当长的时期内，小容量的空气压缩机都会以发展螺杆式空气压缩机为主，而大中容量的空气压缩机则主要发展活塞式和离心式。

近年来的统计数据表明：美国、日本等国家在选择 40 m³/min 以下的空气压缩机时，选螺杆式的占 70% ～ 80%。

未来煤矿用空气压缩机的发展方向是组建空气压缩机物联网控制系统，以实现煤矿安全生产的信息化、自动化，打造数字化矿山。

未来的空气压缩机物联网控制系统应用范围不仅适用于现有煤矿井下各种类型的空气压缩机，同时也可整合煤矿的采掘、运输、通风、提升、排水等机械。该系统利用煤矿现有的通信网络将井下空气压缩机与地面监控站信息联网，将井下空气压缩机的运行参数、设备状态、报警信息、启停控制信息传送到煤矿的数字化信息调度指挥中心。

指挥中心可将空气压缩机的状态和数据传送至空气压缩机生产厂家的物联网信息中心、政府煤矿安全监管部门和煤矿企业管理人员的显示终端，使生产厂家、政府监管部门及煤矿管理人员无论身在何处都可以对空气压缩机进行实时的监测与控制。

综上所述，为了进一步实现我国煤矿生产的科学发展、安全发展，煤矿企业应当优先采购国家推荐的单螺杆式空气压缩机，不断加大科技和资金投入，加快组建空气压缩机物联网控制系统，以保证设备安全运行和实现煤矿用空气压缩机技术的自动化、信息化。

第三节　活塞式空气压缩机的结构

一、L 形空气压缩机的结构

我国煤矿使用的活塞式空气压缩机中 L 形空气压缩机最为常见。图 7-8 所示为 4L-20/8 型空气压缩机的剖面图。

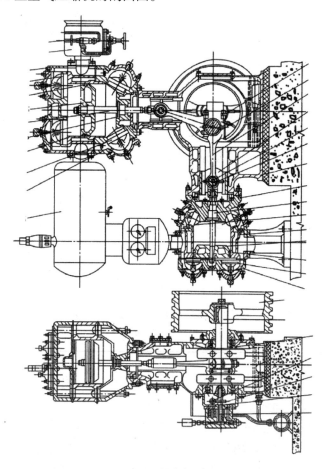

图 7-8　4L-20/8 型空气压缩机剖面图

L 形空气压缩机是两级、双缸、复动、水冷式空气压缩机，其主要由压缩机构、传动机构、润滑机构、冷却机构、排气量调整机构组成，这些机构均安装在机身上，机身用地脚螺栓紧固在基础上就成为固定式空气压缩机。

该空气压缩机已成系列，排气量范围较宽，为 $10 \sim 100 \ \mathrm{m^3/min}$，输出压力为 $8 \times 10^5 \ \mathrm{Pa}$，适用于矿山的需要，空气压缩机的结构紧凑，动力平衡性比较好，第一级气缸垂直配置，减小了因活塞自重造成的磨损，第二级气缸水平配置，机身受力情况较好，管道布置方便。

二、L 形空气压缩机的主要部件

（一）机身

机身起连接、支承、定位和导向等作用，图 7-9 为机身剖视图。机身与曲轴箱用灰铸铁铸成整体，外形为正置的直角形，在垂直和水平颈部装有可拆的十字头滑道，颈部端面以法兰与一、二级气缸组件相连，机身相对的两个侧壁上开有安装曲轴轴承的两孔，机身的底部是润滑油的油池。整个机身用地脚螺栓固定在地基上。

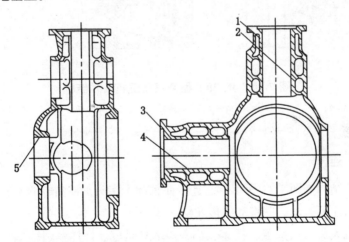

图 7-9　机身剖视图

1—立列贴合面；2—立列十字头导轨；3—卧列贴合面；4—卧列十字头导轨；5—滚动轴承孔

为了观察和控制油池的油面，机身侧壁装有安放测油尺的短管。为了便于拆装连杆和十字头等部件，机身后和十字头滑道旁分别开有方形窗口和圆形孔，并用有机玻璃盖密封。

（二）曲轴

曲轴是活塞式空气压缩机的重要运动部件，它接收电动机以扭矩形式输入的动力，并把它转变为活塞的往复作用力以压缩空气而做功。图 7-10 为 4L-20/8 型活塞式空气压缩机曲轴部件图。

曲轴的材料一般为球墨铸铁，曲轴两端的轴颈上各装有双列向心球面滚珠轴承，其支承在机身侧壁孔上。曲轴的两个曲臂上分别连接一端的曲拐和轴颈。曲轴上钻有中心油孔，齿轮油泵排出的润滑油通过此油孔能流动到各润滑部位。

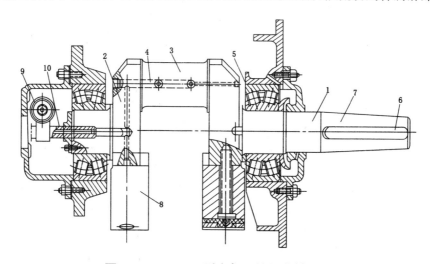

图 7-10　4L-20/8 型空气压缩机曲轴结构

1—主轴颈；2—曲臂；3—曲拐；4—曲轴中心油孔；5—双列向心球面滚子轴承；6—键槽；

7—曲轴外伸端；8—平衡铁；9—蜗轮；10—传动小轴

（三）连杆

连杆的结构如图 7-11 所示，它连接曲轴和十字头，使曲轴的旋转运动转换为十字头的往复运动，并将动力传递给活塞。

连杆由大头、大头盖、杆体、小头等部分组成。杆体呈圆锥形，内有贯穿大小头的油孔，从曲轴流来的润滑油由大头通过油孔到小头润滑十字头销。连杆材料为球墨铸铁。连杆大头采用剖分结构，大头盖与大头用螺栓连接，安装在曲拐上，螺栓上有防松装置。连杆小头孔内衬一铜套以减少摩擦，其磨损后可以更换。连杆小头瓦内穿入十字头销与十字头相连。

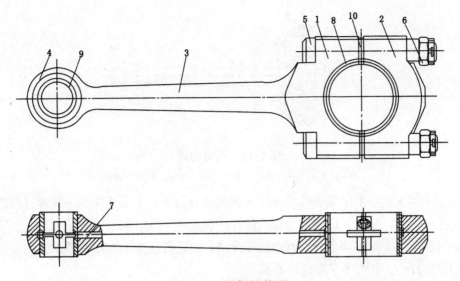

图 7-11　连杆结构图

1—大头；2—大头盖；3—杆体；4—小头；5—连杆螺栓；6—连杆螺母；

7—杆体油孔；8—大头瓦；9—小头瓦；10—垫片

（四）十字头

十字头部件如图 7-12 所示。它是连接活塞杆与连杆并承受侧向力的运动部件，在十字头滑道上做往复运动，具有导向作用，其材质为灰口铸铁。

活塞组件包括活塞、活塞环和活塞杆，如图 7-13 所示。

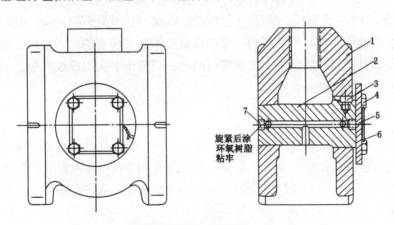

旋紧后涂环氧树脂粘牢

图 7-12　十字头部件

1—十字头体；2—十字头销；3—螺钉键；4—螺钉；5—盖；6—止动垫片；7—螺塞

179

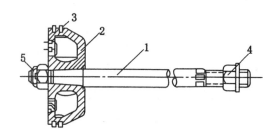

图 7-13　活塞组件

1—活塞杆；2—活塞；3—活塞环；4—螺母；5—冠形螺母

十字头主要由十字头体和十字头销两部分组成。十字头体的一端通过内螺纹孔与活塞杆连接，借助调节螺纹的拧入深度调节气缸的余隙容积大小。十字头销和十字头摩擦面上分别有油孔和油槽，由连杆流来的润滑油经油孔和油槽润滑连杆小头瓦与十字头的摩擦面。

（五）活塞组件

①活塞。活塞是活塞式空气压缩机中压缩系统的主要部件，曲轴的旋转运动经连杆、十字头、活塞杆变为活塞在气缸中的往复运动，从而对空气进行压缩做功。

②活塞环。活塞圆柱表面上有两个环槽，槽内均装有矩形断面的活塞环（又称涨圈），活塞环一般用铸铁材料制成，具有一定的弹力。在自由状态时，其外径大于气缸内径。活塞环的开口形式有直切口、斜切口等。

③活塞杆。活塞杆一般用 45 号钢锻造而成，杆身摩擦部分经表面硬化处理，具有良好的耐磨性。活塞杆的一端制成锥形体插入活塞的锥形孔内，用螺母紧固，并插有开口销以防松动。活塞杆的另一端与十字头用螺纹连接，调节好余隙容积后，用螺母锁紧。

（六）气缸

气缸由缸体、缸盖、缸座用螺栓连接而成，接缝处有石棉垫以保证密封。整个气缸组件连接在机身上，缸盖和缸座各有四个阀室（两个装吸气阀，两个装排气阀）。气缸为双层壁结构，中间为冷却水套，水套将吸气室和排气室的气路隔开，如图 7-14 所示。

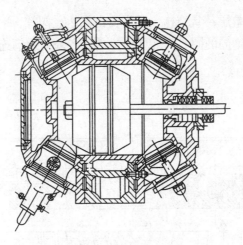

图 7-14　双层壁气缸

（七）气阀

气阀包括吸气阀和排气阀，它是空气压缩机最关键、最容易发生故障的部件，如图 7-15 所示。

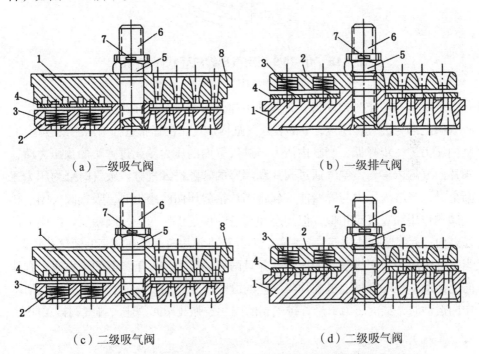

（a）一级吸气阀　　　　　　　　　　　　（b）一级排气阀

（c）二级吸气阀　　　　　　　　　　　　（d）二级吸气阀

图 7-15　4L-20/8 型空气压缩机低压气缸吸气阀和排气阀结构

1—阀座；2—阀盖；3—弹簧；4—阀片；5—螺母；6—柱栓；7—开口销

两个气阀均为单层环状结构，其主要由阀座、阀片、阀盖、弹簧等组成。阀座是由一组直径不同的同心圆环所组成的，各环间用筋连成一体，如图7-16所示。

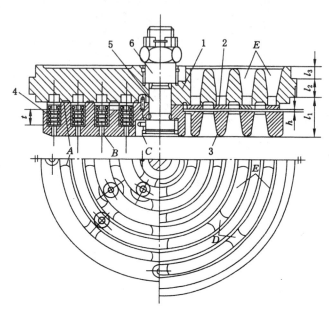

图7-16 4L-20/8型空气压缩机环状阀结构图

1—阀座；2—阀片；3—升程限制器；4—弹簧；5—螺杆；6—螺母

环状阀在工作时，阀盖上布置的小弹簧将阀片紧压在阀座的通气孔道上，吸气阀上部与进气管连接，下部装入气缸内。气体在膨胀过程中活塞继续运动，缸内压力进一步降低，当缸内压力与进气管内的压力差超过弹簧的预压力时，阀片向气缸内移动，空气通过阀片和阀座的间隙进入气缸。吸气时缸内压力逐渐上升，当缸内压力与弹簧能一起将阀片抬起压回阀座上时，吸气阀关闭。排气阀的作用和吸气阀相似，但阀座和阀盖的位置正好与吸气阀相反，阀座下部通缸内，上部通缸外排气管，阀盖上的弹簧将阀片向下压在阀座的通气孔道上。当气缸内压力高于排气管的压力，并且两者的压力差大于弹簧的压力时，阀片向上运动，压缩空气通过阀片与阀座的缝隙由缸内向外排气。排气完毕且活塞向回运动时，缸内压力下降，排气阀的阀片被弹簧压回阀座，排气阀被关闭。

（八）填料装置

为了阻止活塞杆与气缸间的气体泄漏，活塞杆与气缸间设有填料密封。目前空气压缩机的填料密封多使用金属密封。图7-17为高压缸的金属密封结构，其由垫圈、隔环、密封圈、挡油圈、弹簧等组成。两个垫圈和隔环分隔成两室，前室（靠近气缸侧）内放置两道密封圈；后室（靠近机架侧）内放置两道挡油圈，防止传动系统的润滑油进入气缸。

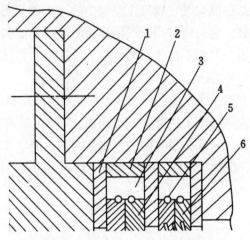

图 7-17　高压缸金属密封结构图

1—垫圈；2—隔环；3—小室；4—密封圈；5—弹簧；6—挡油圈

密封圈采用三瓣等边三角形结构，如图 7-18 所示。外缘沟槽内放有拉力弹簧将其扣紧，使它们的内圆面紧贴在活塞杆上，当内圆磨损后，借助弹簧的力量可使密封圈自动收紧，确保密封。密封室内的两个密封圈，其切口方向相反，放置时切口应互相错开。

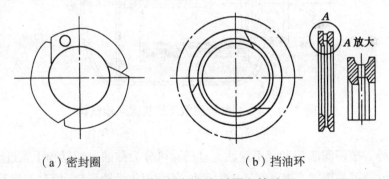

（a）密封圈　　　　　　　　　　（b）挡油环

图 7-18　三瓣斜口密封圈和挡油环

挡油圈的结构形式和密封圈相似，只是内圆处开有斜槽，以便把活塞杆上的油刮下来而不使其进入气缸。由于这种填料是自紧式的，因此允许活塞杆产生一定的挠度，而不会影响密封性能。

183

三、活塞式空气压缩机的附属设备

（一）过滤器

过滤器的作用是过滤空气，以阻止空气中的灰尘和杂质进入气缸。因为若灰尘和杂质吸入气缸，它们将与高温气体和润滑油混合而黏附在气阀、气缸壁和活塞环等处，从而使气阀不严密，增大吸、排气阻力和排气温度，增加功耗和降低效率。

过滤器主要由外壳和滤芯组成。4L-20/8型空气压缩机的金属网过滤器如图7-19所示，其外壳由筒体1和封头2、5组成，筒体内装有圆筒形金属滤网3，当污浊空气通过时，灰尘和杂质黏附在金属滤网上，使空气得以过滤。因滤芯材质不同，如纸质、织物、泡沫、纤维、金属网等，而有不同名称的过滤器。

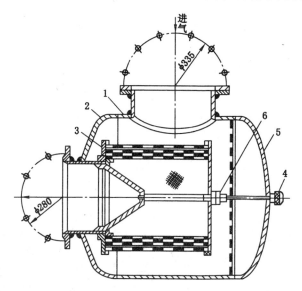

图7-19　4L-20/8型空气压缩机滤风器结构

1—筒体；2、5—封头；3—滤网；4、6—螺母

此外，按照滤芯涂油或不涂油，过滤器可分为黏油过滤器和干式过滤器。黏油过滤器可采用国产10号或20号机油，其物理化学性质是，相对密度为0.887（15℃）、闪点190℃、燃点228℃、在150℃条件下4 h内挥发率为0.35%、凝固温度 -65℃。

过滤器使用一定时间后，由于尘埃和其他杂质积累，过滤器的阻力逐渐增大，若超过一定值时，过滤器应清洗更换。黏油过滤器的清洗过程是将过滤层浸入温度为70℃～80℃、浓度5%～10%的溶液中，以清除黏油和附着污垢，再用热水冲洗，直至过滤层完全清洁为止。干式过滤器的清洗，可用手抖、高压空气吹洗的方法除掉杂质。

确定过滤器的过滤层面积时，首先应选定空气通过过滤层的速度，过高的速度会导致较大的阻力，影响空气压缩机的效能。几种不同滤芯的过滤器技术数据如表 7-1 所示。

表 7-1　几种不同滤芯的过滤器技术数据

滤芯种类	空气量 /（m³/h）	空气速度 /（m/s）
金属网	4000 ～ 6000	1.11 ～ 1.65
纤维	2000	0.55 ～ 0.60
织物	100 ～ 200	0.028 ～ 0.056
纸质	60 ～ 250	0.017 ～ 0.070

（二）风包

风包是大、中型活塞式空气压缩机必须配置的设备，一般竖立装在室外距机房 1.2 ～ 1.5 m 处，空气压缩机排出的压缩气体通过排气管输入风包。风包概括起来有以下三个作用。

1. 稳压作用

作简谐运动的活塞排出的气体量是脉动的，风包像一个容器使压气管路的供气量保持基本稳定，从而达到稳压的目的。

2. 贮存一定量压气

其可对风动机具用气的不均衡性起一定的调节作用。

3. 提高气体质量

风包内可分离压缩空气中的油、水，提高气体质量。常见风包结构如图 7-20 所示。

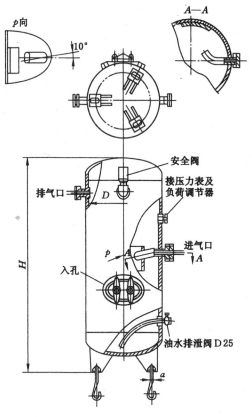

图 7-20　风包结构

（三）冷却系统

　　冷却系统的主要作用是降低压气的温度，节省功率消耗，提高空气压缩机工作的经济性和安全性。空气压缩机内起冷却作用的主要部件是气缸水套和中间冷却器。气缸用水套进行冷却，其目的是限制气缸和压气的温度，使得气缸内的压缩机油维持在一定温度，保证活塞与气缸间的润滑效果。

　　中间冷却器主要由外壳和一束水管组成，冷却水在管内流动，压气在管外流动，压气的热量通过管壁传递给冷却水。中间冷却器属于列管式散热器，由于接触面积较大，所以其散热较快，冷却效果较好。其结构如图 7-21 所示。其由外壳和芯子两部分组成，外壳用钢板焊接而成，水平部分放置芯子，垂直部分为油水分离器，下部装有两个放油水用的阀门。芯子是一束钢管插入一组散热片中并用法兰盘与外壳固定的部件。这种冷却器是压缩空气在管外流动，冷却水在管内流动，通过管壁与散热器片进行热交换，从而完成对压缩空气的冷却。

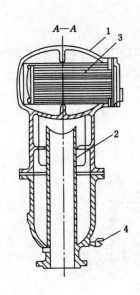
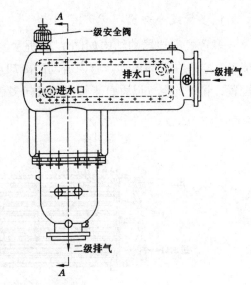

图 7-21　中间冷却器结构

1—外壳；2—油水分离器；3—芯子；4—放油水阀门

为了节约用水，大型空气压缩机站都采用循环冷却水系统，如图 7-22 所示。经过冷却塔冷却后的水顺水沟流入冷水池，由图中 3 号冷水泵经进水管将冷水首先打入中间冷却器，从中间冷却器流出的水分两路分别引入 I 级气缸水套和 Ⅱ 级气缸水套，从中流出的热水经过漏斗及回水管流回到热水池。图中实线表示冷水，虚线表示热水，2 号泵为备用泵。

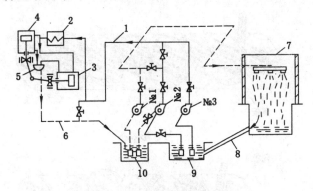

图 7-22　循环冷却水系统

1—总进水管；2—中间冷却器；3—Ⅱ级气缸水套；4—I级气缸水套；5—漏斗；

6—回水管；7—冷却塔；8—水沟；9—冷水池；10—热水池

目前，我国压缩空气站中采用多管式、散热片式、套管式、蛇管式等结构的冷却器，其中使用最多的是多管式冷却器。

1. 多管式冷却器

多管式冷却器的结构如图 7-23 所示。在多管式冷却器中，冷却水在管内流动，空气在管间流动。管内流动的冷却水可以单程或多程流动，通过隔板的配置，管外的空气以垂直于管束的流向多程曲折流动。

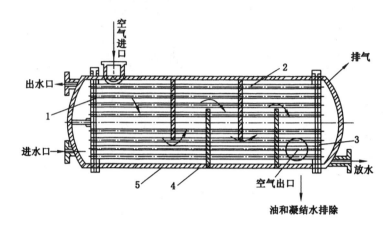

图 7-23 多管式冷却器结构图

1—固定管板；2—冷却水管；3—活动管板；4—隔板；5—外壳

隔板通常采用月牙形隔板和环盘形隔板两种形式，如图 7-24 所示，环盘形隔板必须配置侧板，因为脉动的气流将引起隔板振动，使导管因与隔板不断摩擦而损坏。

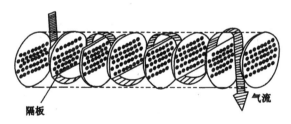

（a）月牙形隔板

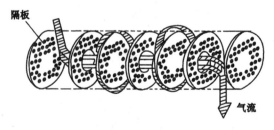

（b）环盘形隔板

图 7-24 隔板形式图

多管式冷却器运行时外壳和管束的温度不同，因此使用时人们必须考虑热膨胀的补偿措施。多管式冷却器的管束间相邻导管的中心距一般取导管外径 d_2 的 1.25 ～ 1.5 倍，但其最小值受导管在端板上胀接的影响，不得小于 5 ～ 6 mm。

根据一般实际使用经验，导管内径 d_1 的取值范围为 12 ～ 20 mm，多管式冷却器一般使用的压力 P 为 3 ～ 5 MPa。近年来为了达到高压，使空气在管内流动的设计已得到广泛应用。

2. 散热片式冷却器

在导管上配置散热片能增大空气侧的传热面积，能较大地提高导管的热交换能力，并相应地缩小冷却器尺寸和重量。目前，在 L 形活塞式空气压缩机中已广泛应用散热片式冷却器。

（四）润滑系统

L 形空气压缩机的润滑机构分为以下两个独立的系统。

1. 运动部件的润滑系统

该系统由齿轮油泵、滤油器、油冷却器及相关油路组成。机身底部曲轴箱作为油池，齿轮油泵的主动轴插入曲轴轴端与曲轴同步旋转，油压一般为 0.15 ～ 0.25 Pa。

润滑油流动路线：油池→粗滤油器→油冷却器→齿轮油泵→滤油器→曲轴中心油孔→曲轴销和连杆大头瓦配合面→连杆中心孔→连杆小头瓦和十字销配合面→十字头滑轨→油池。

2. 气缸部件润滑

气缸润滑可以减少活塞与气缸镜面之间的摩擦阻力，减少磨损，还可以起到一定的冷却作用。L 形空气压缩机采用单独的注油器向缸内挤压润滑油。图 7-25 为 L 形空气压缩机的润滑系统。由曲轴上的蜗杆带动蜗轮及凸轮驱动注油器的柱塞上下运动，将油箱中的压缩机油定量注入气缸壁上的小孔、润滑气缸及活塞。在气缸的注油孔处，一般都装有逆止阀，以防止油管破裂时气缸内压气反冲，并且便于空气压缩机在不停机时更换注油器。

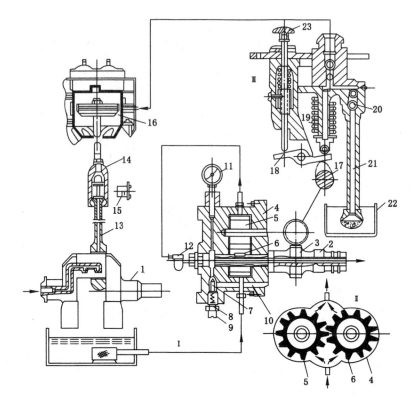

图 7-25 L 形空气压缩机润滑系统原理图

1—曲轴；2—传动空心轴；3—蜗轮蜗杆；4—外壳；5—从动轮；6—主动轮；7—油压调节器；8—螺帽；

9—调节螺钉；10—回油管；11—压力表；12—滤油器；13—连杆；14—十字头；15—十字头销；16—气缸；

17—凸轮；18—杠杆；19—柱塞阀；20—球阀；21—吸油管；22—油槽；23—顶杆

（五）油水分离器

油水分离器的功能在于分离压缩空气中所含的水分和油分，使压缩空气得到初步净化，减少污染，避免管道腐蚀。油水分离器的作用原理是，其根据不同的结构形式使进入油水分离器中的压缩空气气流方向和速度改变，并依靠惯性分离出密度比较大的油滴和水滴，压气输送管路上的油水分离器通常采用以下三种基本结构形式。

①使气流产生环形回转；

②使气流产生撞击并折回；

③使气流产生离心旋转。

在实际生产应用中，以上介绍的结构形式可同时综合采用，这样分离油、水的效果则更加显著。

第一种是使气流产生环形回转的油水分离器结构，如图 7-26 所示。压缩空气进入分离器内，气流由于受隔板的阻挡，产生下降而后上升的环形回转，与此同时析出油和水，为了达到预期的油水分离效果，气流在回转后上升速度应缓慢，输送低压空气时不超过 1 m/s，输送中压空气时不超过 0.5 m/s，输送高压空气时不超过 0.3 m/s。

根据上述原则，这种结构形式的油水分离器主要用于低压空气，如分离器的进、出口空气流速为 v 时，则油水分离器的壳体横断面积应为进、出口管径 d 横断面积的 v 倍，即油水分离器壳体直径 $D = \sqrt{vd}$ 。

一般油水分离器的高度 H 为其内径 D 的 3.5 ～ 4.5 倍。

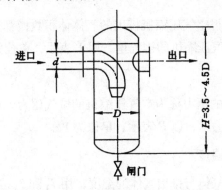

图 7-26　使气流产生环形回转的油水分离器结构图

第二种是使气流产生撞击并折回的油水分离器结构，如图 7-27 所示。

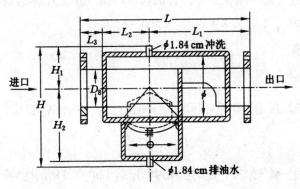

图 7-27　使气流产生撞击折返的油水分离器结构图

当进入分离器内的压缩空气气流撞击在波形板组上时，气流折回，油滴和水滴附于波形板面上，然后油水便向下流动，并汇集在底部，最后通过油水吹除管排出。

一般采用第一种和第二种结构形式相结合的油水分离器油水分离效果比较理想，当气流进入分离器中，气流受内部装置的隔板阻挡后，即进行了二次环形回转，所以其油水分离的效果要优于单纯利用某一种结构形式的效果。

第四节　活塞式空气压缩机的工作循环

一、活塞式空气压缩机的性能参数

（一）排气量

在单位时间内测得空气压缩机排出的气体体积数换算到空气压缩机吸气状态下的体积数称为空气压缩机的排气量，用 V 表示，单位为 m³/min。

（二）排气压力

空气压缩机出口的压力称为空气压缩机的排气压力，用相对压力度量（理论计算时采用绝对压力），以 P 表示，单位为 Pa。

（三）吸、排气温度

空气压缩机吸入气体与排出气体的温度，用 T_1 和 T_2 表示，单位为 K。

（四）比功率

当吸入的空气为标准状态时，其轴功率与排气量之比称为空气压缩机的比功率，用 N_b 表示，单位为 kW/（m³·min⁻¹）

（五）功率

1. 理论功率

空气压缩机按理论工作循环压缩气体所消耗的功率用 N_L 表示，单位为 kW。

$$N_L = \frac{L_V Q}{1000 \times 60} \tag{7-1}$$

式中：L_V 为一级气缸按一定的压缩过程压缩 1 m³ 空气所消耗的循环功，J/m³。

2. 指示功率

指示功率指空气压缩机实际循环消耗的功率，用 N_j 表示，单位为 kW。

$$N_j = \frac{N_L}{\eta_j} \tag{7-2}$$

式中：η_j 为指示效率，当 N_L 为等温压缩时的功率 η_j 为 0.72 ~ 0.8；当 N_L 为绝热压缩时的功率，η_j 为 0.9 ~ 0.94。

3. 轴功率

轴功率指电动机输入空气压缩机主轴的实际功率，用符号 N 表示，单位为 kW。

$$N = \frac{H_j}{\eta} \qquad\qquad （7-3）$$

式中：η 为空气压缩机的效率，小型空气压缩机取 $\eta=85$ ~ 0.9，大中型空气压缩机取 $\eta=0.9$ ~ 0.95。

（六）总效率

空气压缩机总效率是指理论功率与轴功率之比，空气压缩机的总效率是用来衡量空气压缩机本身经济性的指标。

二、一级活塞式空气压缩机工作循环

活塞式空气压缩机在完成每一个工作循环的过程中，气缸内气体的变化过程相对复杂。为了便于问题研究，简化次要因素的影响，人们从理论上提出了以下几个假定条件。

①气缸没有余隙容积。气缸在排气终了时，即活塞移动到端点位置时，气缸内没有残留的气体。

②吸、排气通道及气阀没有阻力，即吸气和排气过程没有压力损失。

③气缸与各壁面间不存在温差，进入气缸的空气与各壁面间没有热量交换，压缩过程中的压缩指数不变。

④气缸绝对密封，没有气体泄漏。

在假定条件下活塞式空气压缩机完成的工作循环称为理论工作循环。

（一）理论工作循环

按上述假定，活塞式空气压缩机在工作时其理论工作循环如图 7-28 所示，曲轴转一周，活塞在气缸中往复一次，完成吸气、压缩和排气三个基本过程。

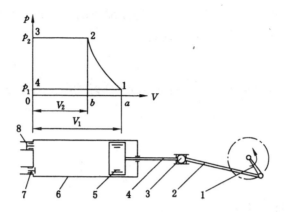

图 7-28　活塞式空气压缩机理论工作循环示意图

1—曲柄；2—连杆；3—十字头；4—活塞杆；5—活塞；6—气缸；7—进气阀；8—排气阀

1. 吸气过程

活塞自气缸的左端向右移动时，吸气阀开启，吸气管中的气体以 P_1 的压力进入气缸，依据假设条件，吸气压力不变。在图 7-28 上用一水平直线 4—1 表示吸气过程中压力与容积的变化规律。如果活塞的面积为 A，移动的距离为 L，吸入气体做功 W_x 为

$$W_x = P_1 AL = P_1 V_1 \qquad (7\text{-}4)$$

式中：V_1 为吸气终止时气体的体积。

2. 压缩过程

当活塞返回时，吸气阀关闭，气缸呈封闭状态，空气压缩机进入压缩过程。随着活塞向左移动，气缸的容积不断减小，气体压力逐渐升高，此时属于热力学过程。其压缩规律归纳为以下三种情况。不同压缩过程循环功，如图 7-29 所示。

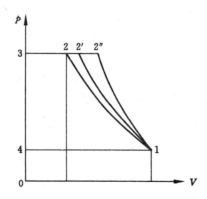

图 7-29　不同压缩过程循环功示意图

（1）按等温规律压缩

其过程特点是，温度 T 为常数，气体的温度自始至终保持不变，在压缩过程中所产生的热量全部释放到气缸的外部。等温过程的压缩功 W_y 用等温压缩曲线 1—2 下的面积表示，求解这部分的面积则有

$$W_y = 2.303 p_1 V_1 \lg \frac{p_2}{p_1}$$ （7-5）

式中：p_1 为吸气时的绝对压力；P_2 为排气时的绝对压力；V_1 为吸气终了时的气体体积。

（2）按绝热规律压缩

其特点是，压缩过程中产生的热量全部用以提高气体温度，与外界无热量交换。绝热过程的压缩功 W_x 用绝热压缩曲线 1—2″ 下的面积表示，则有

$$W_x = \frac{1}{k-1}(p_2 V_2 - p_1 V_1)$$ （7-6）

式中：k 为绝热指数，1.4；V_2 为排气开始时的气体体积。

（3）按多变压缩规律

其特点是，压缩过程中产生的热量一部分释放到气缸外部，另一部分使气体的温度升高。多变过程的压缩功 W_y 可用多变压缩线 1—2′ 下的面积表示，则有

$$W_y = \frac{1}{n-1}(p_2 V_2 - p_1 V_1)$$ （7-7）

式中：n 为多变指数，在冷却条件较好时，$1 < n < k$。

3. 排气过程

当压缩过程终止，气体压力达到排气压力 p_2 时，压缩过程结束，排气阀打开，空气压缩机进入排气过程。依据假设条件，排气时排气压力不变，在图 7-29 上用水平直线 2—3 表示排气压力与容积的变化规律。也可用下式计算排气功 W_p

$$W_p = p_2 V_2$$ （7-8）

式中：V_2 为压缩终止时气体的容积。

4. 理论循环功

活塞回到气缸左端，排气结束。依据假设条件，此时气缸没有余隙和残余气体。曲轴旋转一周，活塞在气缸内往复一次，经过三个过程完成理论循环。一个理论循环的功为三个过程的功之和。通常规定活塞对气体做功为正，气体

195

对活塞做功为负，所以一个理论循环的功 W 为

$$W = -W_x + W_y + W_p \qquad (7\text{-}9)$$

理论循环功相当于吸气、压缩、排气三过程线所包围的面积。

空气压缩机按不同规律进行压缩，所消耗的功及压缩气体的状态也不相同。若按等温压缩，理论循环功最小（1234 所围的面积最小）。若按绝热压缩，理论循环功最大，排气温度最高，压缩后气体密度最小。按多变压缩得到的理论循环功则介于两者之间。因此，从理论上讲等温压缩最有利，所以加强对空气压缩机的冷却十分有必要。

（二）实际工作循环

空气压缩机实际工作中的示功图（$p\text{-}V$ 图）是利用专门的示功仪（机械式和压电式）测绘得出的。图 7-30 是用示功仪测出的活塞式空气压缩机实际工作循环示功图。该图能够反映出空气压缩机在实际工作循环中空气压力和容积的变化情况。

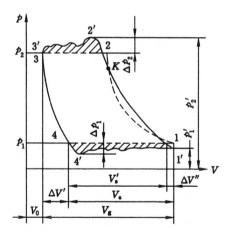

图 7-30　活塞式空气压缩机实际工作循环示功图

1. 实际压缩过程

当活塞由内止点向外止点移动时，空气被压缩，容积逐渐缩小，压力不断升高，此时空气状态沿 1′—2′ 曲线变化。这是因为受在气缸内压缩时温度升高而产生热交换的影响，当压力升至排气压力 p_2 时，由于阀本身具有一定的惯性阻力和弹簧力，排气阀还不能被顶开，活塞继续压缩到 2′ 点，当气缸内压力达到 p_2' 时，排气阀被顶开。

2. 实际吸、排气过程

在吸气过程中，外界大气需要克服过滤器、进气管道及吸气阀的阻力后才能进入气缸内，因此吸气过程的压力低于理论吸气压力时，吸气阀才能开启。而在排气过程中，压气需克服排气阀和排气管道的阻力后才能进入风包，所以排气压力高于理论排气压力时排气阀才能开启。

气阀的阀片和弹簧的惯性作用使实际吸、排气线的起点出现尖峰，随着惯性力消失，尖峰压力也消失。此外吸、排气的周期性，使吸、排气过程中阻力发生脉动变化，因而实际吸、排气线呈波浪状。

3. 实际膨胀过程

当排气终了、活塞返回时，排气阀立即关闭。此时缸内残留的空气压力比吸气腔中的空气压力高，故吸气阀时暂无法打开。这部分高压空气随着活塞运动而膨胀，直至压力降到低于吸气腔的压力时，此时吸气阀打开，进行吸气过程。

三、二级活塞式空气压缩机工作循环

实际生产中空气压缩机通常采用两级压缩，其原因有以下两点。

1. 压缩比受余隙容积的限制

如图 7-30 所示，由于余隙容积的存在，随着排气压力的提高，吸气量将不断减少。当排气压力增大到某一值时，吸气过程就完全被残留在余隙容积中的压气的膨胀过程所代替，使吸气量为零。因此，为保证有一定的排气量，压缩比不能过大，即终压力不宜过高，否则空气压缩机的工作效率就会过低。

2. 压缩比受气缸润滑油温的限制

为保证活塞在气缸内快速往复运动和减少机械磨损，就必须向缸内注油，但随着压缩比的增加，压缩终了时的空气温度也将增加。若增高到润滑油闪点温度（一般为 $215 \sim 240℃$）时，便有发生爆炸的危险。依此为条件，我们可求得在最不利条件下（按绝热压缩），单级压缩的极限压缩比（p_2/p_1）为 4%。矿用空气压缩机一般所需排气压力为（$7 \sim 8$）$\times 10^5$ Pa，其压缩比为 $7 \sim 8$，所以须采用二级压缩。

两级压缩是在两个气缸内完成的，即低压气缸和高压气缸。其每级气缸内的工作原理与一级压缩理论相同，从结构上只是在两级气缸之间增加了一个中间冷却器，形成一个串联体系。空气经低压气缸压力增加到 p_z，排气温度为 T_z，送至中间冷却器，保持压力不变，气体温度降至吸气温度 T_1 后，再送到高压气缸中，连续压缩达到需要的压力后排出。其工作原理如图 7-31 所示。

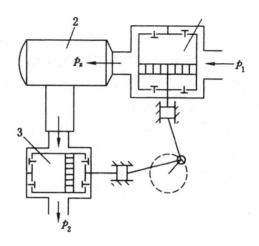

图 7-31 两级活塞式空气压缩机工作原理示意图

1—低压缸；2—中间冷却器；3—高压缸

采用两级压缩具有如下优点。

（1）节省功耗

欲得到 p_2 的压力，从图 7-32 上我们可以看出，当采用一级压缩时，一个循环所需的理论循环功为 012′3 所围的面积；采用两级压缩时，一个循环所需的理论功为 01z′z23 所围的面积，它比单级压缩节省面积为 z′z22′ 的功耗。若不进行中间冷却，第一级气缸排出的压气体积就不会缩小，这样的两级压缩与一级压缩功耗相同。

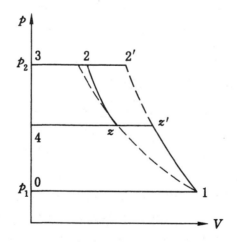

图 7-32 两级活塞式空气压缩机理论工作循环示功图

（2）降低排气温度

根据热力学原理，压气的终了温度不仅与初始温度成正比，而且和压缩比有关。显然，在初始状态和终了压力相同的条件下，两级压缩比单级压缩的终了温度有明显下降。

（3）提高空气压缩机的排气量

随着压缩比的上升，余隙容积中的压气因膨胀所占的容积将会增大，从而使气缸的进气条件恶化。采用两级压缩降低了每一级的压缩比，从而提高了气缸的容积系数，增大了空气压缩机的排气量。

（4）降低活塞上的作用力

在转速、行程和气体初始状态以及终了压力相同的条件下，采用两级压缩时，低压缸活塞面积 A_1 虽然与单级压缩时活塞面积相等，但是高压缸活塞面积 A_2 比 A_1 要小很多（一般 $A_2 \approx A_1/2$）；又因为每一级气缸的压缩比均小于单级压缩的压缩比，所以两级压缩时两个活塞所受的总作用力小于单级压缩时一个活塞上的作用力。

（5）提高气压质量

中间冷却器可以分离一部分油和水，因此可以提高气压质量。

第五节 活塞式空气压缩机的排气量调节

一、活塞式空气压缩机的调节

由于电动机的转速一定，故空气压缩机产生的压气量固定，然而风动工具和风动机械台数经常变化，因此耗气量也时刻变化。当耗气量大于运转着的空气压缩机的总排气量时，则输气管中的压力就降低，此时可启动备用空气压缩机。当耗气量小于空气压缩机的排气量时，多余的压气使输气管中的压力增高，压力增高过多，则容易产生危险，因此必须采取措施，调节空气压缩机的排气量。

（一）关闭进气管

关闭进气管调节即关闭空气压缩机的进气通道。用这种方法调节空气压缩机的排气量十分简便、经济。关闭进气管调节装置主要由压力调节器和卸荷阀两个部件组成，其结构如图 7-33 和图 7-34 所示。

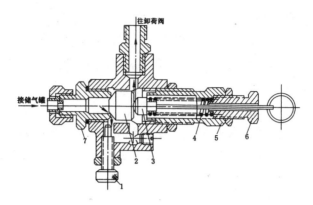

图 7-33　压力调节器

1—调节螺钉；2—阀；3—拉杆；4—弹簧；5—主调节螺管；6—副调节螺管；7—阀座

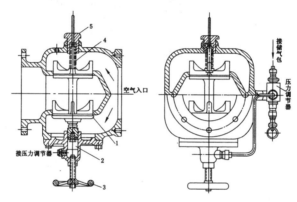

图 7-34　卸荷阀

1—蝶形阀；2—小活塞；3—手轮；4—弹簧；5—调节螺母

压力调节器有两个接口，一个接风包，另一个接卸荷阀。在正常情况下，两接口不相通，当风包中的气体压力超过压力调节器的设定压力时，压缩空气顶开压力调节器的阀进入卸荷阀的活塞缸中，推动活塞向上移动关闭蝶形阀，把进气管路堵塞，从而使空气压缩机不能吸气，进入空转状态。当风包中的压力降低到某一值时，压力调节器中的阀在弹簧力的作用下，切断风包与减荷阀的通道，卸荷阀活塞缸下部没有压缩空气供给，同时上部有弹簧的作用，蝶形阀向下运动，使阀处于开启状态，空气压缩机便恢复正常运转。

（二）压开吸气阀

压开吸气阀调节是目前普遍采用的方法，可以实现其动作的结构形式有很多，它既可以使空气压缩机在空载状态下启动，又可以使空气压缩机在工作状态下卸荷。

　　压开吸气阀调节装置由制动垫圈、小弹簧、压叉、导轴、大弹簧、销、弹簧座、指针、手轮等组成。图7-35为其结构图，其中导轴替代了吸气阀上的连接螺钉，压叉在导轴上做轴向滑动。当空气压缩机吸气终了时，吸气阀借助大弹簧的弹簧力，通过压叉压开吸气阀的阀片，保持一定的开度，使吸气阀处于开启状态；当活塞返回时，气缸内的部分气体又经吸气阀返回吸气管内，活塞继续运行，气缸内的压力上升；当作用于阀片上的气流压力的合力超过大弹簧的作用力时，阀片开始向阀座运动，最终吸气阀关闭，从而起到调节排气量的作用。指针与手轮固结，指示手轮的旋转角度，旋转手轮就可调节大弹簧的预压力，从而调节吸气阀的开启程度，这样就改变了气体经吸气阀返回进气管的空气量，从而达到连续调节排气量的目的。

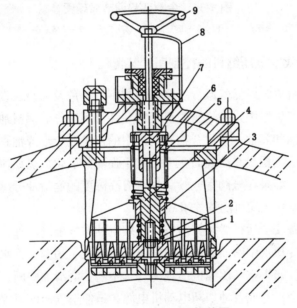

图 7-35　压开吸气阀调节装置。

1—制动垫圈；2—小弹簧；3—压叉；4—导轴；5—大弹簧；6—销；7—弹簧座；8—指针；9—手轮

（三）改变余隙容积

　　改变余隙容积的调节原理是在主气缸上设置余隙缸，当需要减少排气量时，通过加大余隙容积，使气缸容积系数减小，这时排气量也相应减小。图7-36是其原理图，气缸上安装有余隙缸，其中缸内部分为附加的余隙容积，平常附加余隙容积由阀与气缸隔开。活塞腔经压力调节器（图中未画出）与风包相通，当风包中的压力增大超过设定值时，压力调节器打开，压缩空气通过压力调节器后，沿风管进入减荷气缸内，推动活塞克服弹簧力向上移动，将阀打开使附

201

加余隙容积与气缸相通，排气时部分气体进入附加余隙容积，吸气时气缸中的剩余气体与留在附加余隙容积中的气体一起膨胀，使吸入气缸的气体量减少，从而使空气压缩机的排气量减小。

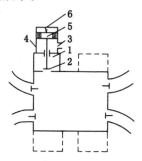

图 7-36　余隙容积调节原理图

1—余隙缸；2—阀；3—进气管；4—减荷气缸；5—活塞；6—弹簧

二、活塞式空气压缩机的控制保护装置

空气压缩机气缸、储气罐、管路的爆炸事故是危及人身及设备的重大恶性事故，其主要产生原因是空气压缩机经常在高温下工作。润滑油经分馏氧化分解成酸沥青焦油和其他一些化合物与空气中的灰尘混合形成油积炭，附着在气阀上形成积炭层，积炭在高温高压下会发生强烈的氧化放热反应，引起积炭温度升高而自燃。如果在气阀室或管路中含有高浓度的润滑油分解气体、油雾、油滴时将引起空气压缩机的爆炸事故。

为了使设备安全运行必须控制空气压缩机的排气温度，加强对空气压缩机的冷却，防止冷却水中断。为此，空气压缩机增设了超温、断水、断油、超压四项保护装置。如果空气压缩机出现冷却水中断、润滑油中断、排气温度超限时保护装置将会报警或自动切断电动机电源，迫使空气压缩机停机。如果在空气压缩机内发生局部积炭自燃时安全阀不能在短时间内释放自燃的能量，此时超压保护打开释压阀释放能量，防止机械设备被破坏。为了及时发现空气压缩机运行中的不正常现象，防止事故发生，在大中型空气压缩机上必须设置下列安全保护装置。

（一）安全阀

安全阀是压气设备的保护装置。其作用是当系统压力超过某一设定值时安全阀动作，把压缩气体放出，使系统压力下降，从而保证压气设备的系统压力在设定值以下运行。

安全阀的种类很多，图 7-37 所示是常用的弹簧式安全阀。当系统压力大于弹簧的预压力时，阀芯向上运动，压缩气体经阀座与阀芯的环形间隙排向大气；当系统压力下降，阀芯的总压力小于弹簧力时，阀芯向下落在阀座上，停止排气。因此调整螺丝，可调整弹簧的预压力，从而可调节安全阀的开启压力。除此之外，该阀用手把可进行人工放气。

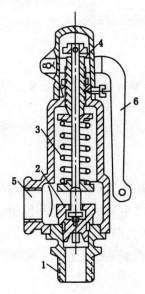

图 7-37 弹簧式安全阀

1—阀座；2—阀芯；3—弹簧；4—调整螺丝；5—排气口；6—手把

（二）释压阀

释压阀的作用是防止压气设备爆炸而装设的保护装置。当压缩空气温度或压力突然升高时，安全阀因流通面积小，不能迅速释放压缩气体，而释压阀流通面积很大，可以迅速释压，从而对人身和设备起到保护作用。释压阀的种类比较多，图 7-38（a）是常用的一种活塞式释压阀，主要由气缸、活塞、保险螺杆和保护罩等部件组成。释压阀装在风包排气管正对气流方向上，如图 7-38（b）所示。当压缩空气压力由于某种原因上升到（1.05 ± 0.05）MPa 时，保险螺杆立即被拉断，活塞冲向右端，使管路内的高压气体迅速释放。

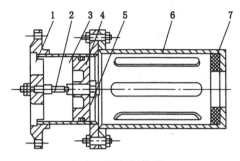

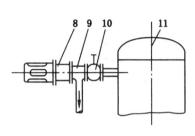

（a）释压阀的构造　　　　　　　（b）释压阀安装位置

图 7-38　释压阀构造及安装位置

1—卡盘；2—保险螺杆；3—气缸；4—活塞；5—密封圈；6—保护罩；

7—缓冲垫；8—释压阀；9—排气管；10—闸阀；11—风包

（三）压力继电器

压力继电器的作用是保障空气压缩机有充足的冷却水和润滑油，当冷却水水压或润滑油油压不足时，继电器动作，断开控制线路的接点，发出声、光信号或自动停机。图 7-39 为压力继电器原理图。当油（或水）管接头中的压力低于某一值时，薄膜上部的弹簧使推杆下降，在弹簧力作用下，接点断开。

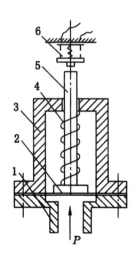

图 7-39　压力继电器原理图

1—管接头；2—薄膜；3—继电器外壳；4—弹簧；5—推杆；6—电接点

（四）温度保护装置

温度保护装置的作用是保障空气压缩机的排气温度及润滑油的温度不致超

204

过设定值。此类装置有带电接点的水银温度计或压力表式温度计，当温度超限时，电接点接通，发出报警信号或切断电源。

第六节　活塞式空气压缩机的操作与维护

一、空气压缩机的操作与运行

（一）启动前的准备工作

①进行外部检查，特别要检查各螺栓及基座的固定情况。

②手动转动设备 2～3 转，检查转动部分有无卡阻现象。

③检查润滑油量是否充足。

④开启冷却水泵向冷却系统供水，并在漏斗处检查水量是否充足。

⑤关闭减荷阀。

⑥打开空气压缩机与储气罐之间排气管的闸阀。

（二）启动

①按电动机控制设备规定的操作步骤启动电动机，使空气压缩机空载运转，此时注意电动机的转向是否正确。

②空载运行情况正常后，逐渐打开减荷阀使空气压缩机进入带负载的正常运转。

（三）试车与运行

①新安装的空气压缩机必须是经有关部门批准的正规厂家的产品，并有相应的合格证和技术资料，用户按设备说明书进行验收，经试车合格后方准使用。

②凡经过大修或中修的空气压缩机，其主要零部件必须达到原设计规定的技术指标。主要受力件、转动部件均应有详细的检修记录，用户要按设备说明书和企业设备管理规章进行验收，经试车合格后，方可使用。

③空气压缩机的修理工作必须在卸压后进行。

④工作时，如发生断水、缺油，必须立即停车。

⑤不符合要求的润滑油不得使用，气缸润滑应采用压缩机油。气缸和曲轴箱内的润滑油量应适当，润滑系统油压应稳定，油质清洁。

⑥在炎热地区应采取降温措施。

⑦空气压缩机气缸、气缸盖、活塞及冷却器的气体管路等，应定期进行水

压试验。管路应以 3×10^5 Pa 的表压进行水压试验，稳压时间不应少于 5 min，不允许有渗漏现象。

⑧受压容器的气压试验和气密性试验必须遵守工艺规程及《压力容器安全技术监察规程》。

⑨进行气压试验时，如容器内有残留的易燃、易爆气体，禁止用空气。

（四）停机

①关闭减荷阀，使空气压缩机进入空载运转，情况紧急时，可不进行此步骤。

②断开电源。

③关闭冷却水进水闸门，停泵。

④放出末级排气管处的压缩空气。

⑤排放中间冷却器、后冷却器、压力调节器和储气罐中的油水。

⑥停机时间较长时，应放掉各部分的存水，以防锈蚀和冻裂。

（7）停机十天以上者，应向各摩擦面充分注入润滑油；停机一个月以上且要长期封存时，除排放掉各处的油水外，还应拆除所有气阀并吹洗干净，擦净气缸镜面、活塞端面、曲臂表面及所有非配合面，并进行油封，以防灰尘、潮气或水侵入。

二、空气压缩机维护

为了使空气压缩机正常工作和延长使用寿命人们在使用时必须严格遵守操作规程，每班要做出详细的运转日志，发现故障应及时处理。对定检项目要定期检修，下面是空气压缩机工作一定时间后的一般维护和检测内容。

（一）工作 50 h

①检查机身内油池的油面；

②清洗润滑系统过滤器的滤芯。

（二）工作 300～500 h

①清洗吸、排气阀，检查阀片和阀座的密封性；

②检查和清洗过滤器；

③检查安全阀，修复阀上轻微伤痕，检查安全阀弹簧是否回缩。

（三）工作 2000 h

①清洗油池、油路、油泵、更换新油；

②清洗注油器系统，检查油路各止回阀的严密性；

③吹洗油、气管路，校正压力表，检查安全阀的灵敏度；

④检查填料箱磨损情况，检查并清洗活塞、活塞环；

⑤拆洗压力调节器并校正；

⑥检查连杆大头瓦、小头瓦和十字头各摩擦面磨损情况。

（四）工作 4000 ～ 5000 h

①拆洗曲轴及轴承并检查其精度、粗糙度，根据情况进行修复；

②清洗排气管、冷却器进行水试验；

③检查十字头与机身滑动间的间隙和粗糙度，根据情况进行修复。

（五）工作 8000 h

①拆开气缸，清除油垢焦渣并清洗；

②用苛性苏打水溶液清洗气缸水套内水垢和冷却器水管中的水垢；

③组装气缸后进行试验，试验按工作压强的 1.5 倍计算；

④检查同前各项。

三、空气压缩机经济运行措施

（一）减少容积损失，提高排气量

在空气压缩机的实际工作循环中，由于曲轴、连杆机构受热膨胀，以及各传动部件间有间隙存在，为避免活塞头与气缸盖撞击，必须存在余隙容积，同时由于余隙中空气的膨胀作用，使吸气阀开启时较平稳，缓和了气阀的冲击，但余隙又不能过大，否则会影响排气量。

（二）采用分散就近的供气方式

目前所使用的供气方式都是将空气压缩机房设在地面，通过管道将压缩空气送往需要的场所。如果矿井比较深，井型较大，管网比较复杂，则管网泄漏损失和压力下降所造成的电能浪费比较大。为此，建议采用分散就近的供气方式，减少压缩空气的损耗。

（三）提高冷却效果，减少阻力损失，降低功率消耗

空气压缩机的冷却效果对降低空气压缩机的功率损耗，保证其安全经济运转有重要作用。若气缸冷却条件好，冷却水由缸壁带走的热量大，则不仅可以提高冷却效果，更重要的是还可以使空气压缩机压缩过程中每一工作循环的功耗减小；若中间冷却器冷却效果好，则由一级气缸排入二级气缸的空气体积缩

小，从而降低二级压缩所消耗的功。

空气压缩机是为各种气动工具提供动力的设备，由于气动设备效率较低，因此如何管好、用好、修好空气压缩机，合理敷设管道，选择管径及其附件，以减少压气量和气压损失，提高空气压缩机和气动工具的效率，最大限度地减少风动工具的使用范围，是空气压缩设备达到安全经济运行的重要途径。

四、活塞式空气压缩机的常见故障分析及处理方法

活塞式空气压缩机在运转中可能发生的主要故障、产生原因及其排除方法，如表 7-2 所示。

表 7-2　空气压缩机的主要故障、产生原因及其排除方法

主要故障	产生原因	排除方法
气缸过热、排气温度过高	冷却水中断或供水量不足；冷却水进水管路堵塞；水套、中间冷却器内水垢太厚；气缸润滑油中断	停机检查，增大供水量；检查疏通；清除水垢；检查和调整供油系统，保证适量供油
填料箱漏气	密封圈内径磨损严重；活塞杆磨损；油管堵塞或供油不足；密封组件间垫有脏物	检修或更换密封圈；进行修磨或更换；清洗疏通油管，增加供油量；检查清洗
排气量不够	转速不够；过滤器堵塞；气阀不严密；活塞环或活塞杆磨损、气体内泄；填料箱、安全阀不严密，气体外泄；余隙容积过大；气缸盖与气缸体结合不严	查找原因，提高转速；清洗过滤器；检查修理气阀；检查修理或更换；检查修理；调整余隙；刮研气缸盖与气缸体结合面或换气缸垫

主要故障	产生原因	排除方法
齿轮油泵压力不够或不上油	油池内油量不够；滤油器、滤油盒堵塞；油管不严密或堵塞；油泵盖板不严；齿轮啮合间隙磨损过大；齿轮与泵体磨损间隙过大；油压调节阀调得不合适或调节弹簧太软；润滑油质量不符合规定，黏度过小；油压表失灵	添加润滑油；进行清洗；检查紧固，清洗疏通；检查紧固；更换齿轮；更换齿轮油泵；重新调整更换弹簧；更换润滑油；更换油压表
各级压力分配失调	当二级达到额定压力时，一级排气压力低于 0.2 MPa；一级吸、排气阀损坏漏气；二级吸、排气阀损坏漏气	研磨一级吸、排气阀座，阀盖，阀片或更换阀片与弹簧；研磨二级吸、排气阀阀座，阀盖，阀片或更换阀片与弹簧

参考文献

［1］黄文建. 矿山流体机械的操作与维护［M］. 2版. 重庆：重庆大学出版社，2019.

［2］王延飞，张磊. 综合机械化采煤工艺［M］. 北京：煤炭工业出版社，2019.

［3］何全茂，王国文. 煤矿固定机械运行与维护［M］. 北京：煤炭工业出版社，2011.

［4］庄严. 机械设计基础［M］. 北京：北京理工大学出版社，2008.

［5］张明影. 工程力学［M］. 北京：北京理工大学出版社，2010.

［6］李益民. 机械制造工艺设计简明手册［M］. 2版. 北京：机械工业出版社，2014.

［7］谭豫之，李伟. 机械制造工程学［M］. 2版. 北京：机械工业出版社，2016.

［8］宁传华. 机械制造技术课程设计指导［M］. 北京：北京理工大学出版社. 2009.

［9］赵连刚. 矿井智能排水控制系统设计研究［J］. 能源与环保，2019，41（12）：129-131.

［10］赵卓武. 影响煤矿机电运输管理水平提升难题与对策探讨［J］. 价值工程，2019，38（36）：65-67.

［11］樊桃. 一种矿井无轨运输受电弓装置的研究与应用［J］. 铁道建筑技术，2019（12）：7-10.

［12］谢春虎. 综采工作面液压支架回撤平台的设计与分析［D］. 淮南：安徽理工大学，2019.

［13］苏志磊. 矿i救援机器人机械手结构优化及控制研究［D］. 淮南：安徽理工大学，2019.

［14］吴宪. 矿用局部通风机现场风量测试方法研究与应用［D］. 淮南：安徽理工大学，2019.

［15］唐德馨. 矿井漏风多元示踪剂优选研究［D］. 淮南：安徽理工大学，2019.

［16］朱克川. 损伤缺陷对矿山井架的力学影响分析［D］. 淮南：安徽理工大学，2019.

［17］刘一凡. 煤矿巷道快速掘进临时支架结构设计研究［D］. 西安：西安科技大学，2019.

［18］宋瑞. 矿井主通风机监控及故障诊断专家系统研究［D］. 西安：西安科技大学，2019.

［19］曹鑫. 矿井主通风机技改及在线监控系统应用［D］. 西安：西安科技大学，2019.

［20］孟杰. S矿山胶带运输综合监控系统改造研究［D］. 北京：北京工业大学，2019.

［21］刘志昆. 矿井通风系统电机和轴承的故障诊断方法研究［D］. 徐州：中国矿业大学，2019.

［22］郭睿. 露天矿山生产系统可靠性优化研究［D］. 衡阳：南华大学，2019.

［23］邱童春. 螺旋隧道施工通风关键技术研究［D］. 成都：西南交通大学，2019.

［24］刘磊. 大型矿井主通风机智能监控系统研究［D］. 徐州：中国矿业大学，2019.

［25］张远放. 煤矿井下排水智能控制系统的研究［D］. 徐州：中国矿业大学，2019.

［26］李琳. 矿井水开发利用潜力与合理利用研究［D］. 郑州：华北水利水电大学，2019.

［27］王伯辰. 面向矿山安全与应急管理的相关决策优化问题研究［D］. 上海：上海大学，2019.

［28］张君兰. 煤矿矿井安全管理及评价研究［D］. 天津: 天津工业大学, 2019.

［29］李文龙. 林西煤矿通风系统优化改造研究［D］. 阜新: 辽宁工程技术大学, 2018.

［30］刘一炜. 安全生产矿山救援队员穿戴式装备设计研究［D］. 北京: 北京服装学院, 2018.

［31］韩洋. 煤矿机械齿轮传动系统寿命评价体系研究［D］. 太原: 太原理工大学, 2018.

［32］刘印. 基于网络的煤矿机械装备选型设计平台开发［D］. 太原: 太原理工大学, 2018.

［33］王仁君. 矿用胶带运输机保护与故障诊断系统研究［D］. 西安: 西安科技大学, 2017.

［34］白恩杰. 矿井原煤运输集控系统的研究与应用［D］. 西安: 西安科技大学, 2017.

［35］黄付延. 磨机换衬板专用机械手的拓扑优化设计［D］. 赣州: 江西理工大学, 2017.

［36］解彬. 机械化矿山空气幕应用与研究［D］. 赣州: 江西理工大学, 2017.

［37］李省朝. 不同机械通风试验研究及数值模拟［D］. 南京: 南京财经大学, 2017.

［38］李忠欣. 面向矿物运输的列车运程应急驾驶技术研究［D］. 北京: 北京交通大学, 2017.

［39］张杰然. 矿山配电调度无线平台的研究［D］. 锦州: 辽宁工业大学, 2017.

［40］童乐. 磨机换衬板机械手虚拟样机设计及分析［D］. 赣州: 江西理工大学, 2016.

［41］延洪剑. 机械通风冷却塔热工性能数值模拟［D］. 西安: 西安石油大学, 2016.

［42］官鑫. 大型矿山机械设备虚拟仿真系统设计与研发［D］. 鞍山: 辽宁科技大学, 2016.

［43］朱家成. 面向智慧矿山的智能型克里格储量估算法研究［D］. 武汉：中国地质大学，2016.

［44］何政. 煤矿机械装备知识资源集成服务平台设计［D］. 太原：太原理工大学，2016.

［45］张国钢. 机械通风型冷却塔防烟雾措施研究［D］. 济南：山东建筑大学，2016.

［46］李鹏. 矿山多层空区探测用反循环钻头的试验研究［D］. 长春：吉林大学，2016.

［47］张彩杰. 露天矿山运输系统风险分析及路径优化研究［D］. 广州：华南理工大学，2016.

［48］崔海蛟. 矿井排风源热能利用技术及应用研究［D］. 湘潭：湖南科技大学，2014.

［49］薛放心. 矿井回风传热传质及热能效试验研究［D］. 徐州：中国矿业大学，2014.

［50］彭云. 矿井通风系统降阻优化研究［D］. 湘潭：湖南科技大学，2013.

［51］田善君. 面向矿山开采监管的时空数据模型研究［D］. 武汉：中国地质大学，2013.

［52］李志国. 深井采掘水力凿岩机冲击凿岩效率研究［D］. 长沙：中南大学，2010.

［53］龚声武. 我国矿山危险性控制与安全培训体系研究［D］. 长沙：中南大学，2010.

［54］王大勇. 基于采掘设备安全性的设备优化配置的研究［D］. 阜新：辽宁工程技术大学，2008.

［55］王瑞. 矿山采掘计划辅助决策支持系统的研究与应用［D］. 沈阳：东北大学，2008.

［56］刘印. 基于网络的煤矿机械装备选型设计平台开发［D］. 太原：太原理工大学，2018.

［57］康高鹏. 煤巷快速掘进工艺及超前临时支护研究［D］. 西安：西安科技大学，2019.

［58］刘保生. 煤矿井下掘进机电气设备的节能研究［D］. 北京：北京建筑大学，2017.

［59］韩洋. 煤矿机械齿轮传动系统寿命评价体系研究［D］. 太原：太原理工大学，2018.